科学昆虫馆

胡名正　编著

知识出版社

图书在版编目（ＣＩＰ）数据

科学昆虫馆/胡名正编著． -- 北京 ：知识出版社，2016.5
（科学手拉手）
ISBN 978-7-5015-9114-5

Ⅰ．①科… Ⅱ．①胡… Ⅲ．①昆虫—青少年读物 Ⅳ．① Q96-49

中国版本图书馆 CIP 数据核字（2016）第 106128 号

科学昆虫馆

出 版 人	姜钦云	
责任编辑	刘 盈	
装帧设计	国广中图	
出版发行	知识出版社	
地 址	北京市西城区阜成门北大街 17 号	
邮 编	100037	
电 话	010-88390659	
印 刷	北京一鑫印务有限责任公司	
开 本	889mm×1194mm 1/16	
印 张	8	
字 数	100 千字	
版 次	2016 年 5 月第 1 版	
印 次	2020年2月第2次印刷	
书 号	ISBN 978-7-5015-9114-5	

定 价 29.80 元

作者的话

　　昆虫是自然界中种类最多、数量最大、分布最广的一类生物。与人类和其他动物一样，昆虫也是地球的主人。假设地球上没有昆虫，就没有繁荣的动物世界，可能就没有今天的人类。昆虫离我们是如此之近，但人类对它的了解却是如此缺乏。人类应该敬畏自然，尊重生存在地球上的所有生命，正确地认识、看待昆虫，也是保护人类自身。

　　昆虫与人类的关系十分密切。除了少数害虫如蝗虫、蚊、蝇等给农林业生产和人类健康造成危害以外，许多有益昆虫被人类广泛利用。养蚕业和养蜂业、人工放养紫胶虫和五倍蚜等，给人类带来了丰富的物质财富；蜂蝶传粉，有助提高作物的产量；捕食性、寄生性昆虫作为自然界害虫的天敌，对于控制害虫、维护生态平衡等起着重要的作用。昆虫的多样性，是整个生物世界的重要组成部分；绚丽多彩的昆虫装点着自然界和人们的生活。

　　随着城市越来越现代化，花草树木越来越少，青少年接触自然和生物的机会越来越少，对自然越来越疏远。城市里的青少年很少见到金龟子、天牛、蚱蜢、螽斯等，难以说出这些昆虫的习性。大部分青少年没有参观过昆虫博物馆，本书力争为青少年朋友弥补这一遗憾。本书详细介绍了昆虫在动物界的位置，昆虫的特征，昆虫的身体构造，昆虫的进化，昆虫的生长和发育，昆虫家族的种类，以及昆虫纲下的各个目。本书中那么多精彩生动的昆虫照片，都是昆虫学家花费极大的心血才拍摄到的。

　　青少年朋友欣赏这些珍贵的照片，结合阅读本书内容，就好像参观了昆虫博物馆的展品，对昆虫会有直观的认识，可以丰富知识，激发深入探索的求知欲。

　　让我们一起阅读本书，进入奇幻的昆虫世界吧。

胡名正
2014 年 10 月

目　录

知识链接索引

非蛛非蝎，节肢动物门昆虫纲
——昆虫在动物界的位置

1. 生物分类法

要了解昆虫在动物界的位置，必须先知道什么是生物分类法。生物分类法，又称科学分类法，是生物学中用"域、界、门、纲、目、科、属、种"对生物的物种进行归类的办法。科学家为了做到更细致的分类，在正常级别的"域、界、门、纲、目、科、属、种"之外加了很多附属级别。在正常级别之下，最常用的是"亚 –"（sub-），如"亚纲"、"亚科"等；在正常级别之上则为"总 –"（super-），如"总目"。

比较完整的"种"之上的分类单元的次序为：

域（总界）—界—门—亚门—总纲—纲—亚纲—下纲—总目—目—亚目—下目—总科—科—亚科—族—亚族—属—亚属—组—亚组—系—亚系—种

下面以果蝇和人为例来说明生物的分类。

↑人 –Carl Sagan 提供　　　↑黑腹果蝇 –André Karwath aka 提供

—1—

中文	英文	拉丁文 （单数　复数）	果蝇 （中文　拉丁文）	人 （中文　拉丁文）
域；总界	domain; superkingdom		真核域 Eukarya	真核域 Eukarya
界	kingdom	regnum, regna	动物界 Animalia	动物界 Animalia
门	division; phylum	divisio, divisiones; phylum, phyla	节肢动物门 Arthropoda	脊索动物门 Chordata
亚门	subdivision; subphylum	subdivisio, subdivisiones; subphylum, subphyla	六足亚门 Hexapoda	脊椎动物亚门 Vertebrata
纲	class	classis, classes	昆虫纲 Insecta	哺乳纲 Mammalia
亚纲	subclass	subclassis, subclasses	新翅亚纲 Neoptera	兽亚纲 Eutheria
目	order	ordo, ordines	双翅目 Diptera	灵长目 Primates
亚目	suborder	subordo, subordines	短角亚目 Brachycera	简鼻亚目 Haplorrhini
科	family	familia, familiae	果蝇科 Drosophilidae	人科 Hominidae
亚科	subfamily	subfamilia, subfamiliae	果蝇亚科 Drosophilinae	人亚科 Homininae
属	genus	genus, genera	果蝇属 Drosophila	人属 Homo
种	species	species, species	黑腹果蝇 D.melanogaster	智人 H.sapiens

2. 昆虫的生物学分类

　　昆虫属于节肢动物门（Arthropoda）下的一个纲——昆虫纲（Insecta，Hexapoda）。昆虫具有节肢动物门共有的特征，同时具有不同于节肢动物门下其他纲的特征。

科学分类

界：动物界 Animalia
门：节肢动物门 Arthropoda
亚门：六足亚门 Hexapoda
纲：昆虫纲 Insecta

节肢动物门的主要特征是：

（1）身体分节；

（2）整个体躯包覆含甲壳素（又称几丁质）的外骨骼；

（3）有些体节上有成对的分节附肢（如足），"节肢动物"的名称由此而来；

（4）体腔就是血腔。

知识链接

附肢　体躯具有分节的附肢是节肢动物共同的特点。昆虫在胚胎发育时几乎各体节均有一对可以发育成附肢的管状外长物或突起，即附肢。到胚后发育阶段，一部分体节的附肢已经消失，一部分体节的附肢特化为不同功能的器官。

体腔　动物身体内各内脏器官周围的空隙。体腔分为真体腔和假体腔两类。

血腔　节肢动物和软体动物的真体腔。

特化　由一般到特殊的生物进化方式，指物种适应于某一独特的生活环境，形成局部器官过于发达的一种特异适应，是分化式进化的特殊情况。

在节肢动物门中除昆虫纲外还有其他五个比较重要的纲。

（1）蛛形纲（Arachnoidea），体躯分成头胸部和腹部两个体段；头部不明显；

↑美丽的蜘蛛 –Stephane Viau 提供

↑帝王蝎 –Kevin Walsh 提供

无触角；有四对行动足；以肺叶或气管呼吸。全世界已知有约 5 万多种蛛形纲，绝大多数陆生，仅少数螨类及一种蜘蛛为水栖。蛛形纲大部分具备肉食性。绝大多数的蜘蛛和所有蝎子都有毒，它们的毒性主要用作自卫及捕猎。蛛形纲常见的有蜘蛛、蝎子、蜱、螨等。

↑ 三叶草螨在沙上 –Cornergraf 提供

← 蜱 –Scott Bauer 提供

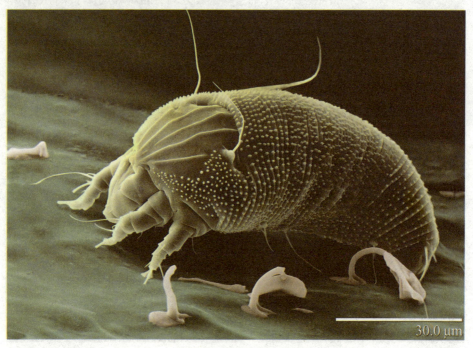

30.0 μm

↑ 锈螨 –Photo by Eric Erbe; digital colorization by Chris Pooley

（2）甲壳纲（Crustacea），绝大多数水生，以海洋种类较多。体躯分节，胸部有些体节同头部愈合，形成头胸部，上被覆坚硬的头胸甲。每个体节几乎都有一对附肢，且常保持原始的双枝形，有触角两对。用鳃呼吸。甲壳纲常见的有虾、蟹、水蚤等。

↑ 水蚤 −Paul Hebert 提供　　　　↑ 帝王虾 −Steve Childs 提供

↑ 沙蟹 −Gnaraloo Turtle Conservation Program 提供

（3）唇足纲（Chilopoda）：陆生，全世界记载约2 800种。头部前侧缘有一对细长的触角；口器由一对大颚和两对小颚组成；以气管呼吸；体躯分为头部和胴部两个体段；躯干部的体节由四片几丁质板连接而成；侧板上具有步足、气孔和几丁质化的小片；每一体节有一对行动足；第一对足特化成颚状的毒爪。常见的有蜈蚣等。

（4）重足纲（Diplopoda）与唇足纲颇为相似，故也有将此纲与唇足纲合称为多足纲（Myriapoda）的。与唇足纲的主要区别是，其体节除前部3～4节及末端1～2节外，其余各节均由2节合并而成，所以多数体节具2对行动足。常见的如马陆等。

↑蜈蚣 -Eric Guinther 提供

↑披甲的马陆 -Prashanthns 提供

（5）结合纲（Symphyla）很像唇足纲，但第一对足不特化成颚状的毒爪。此外，每一体节上通常还有一对刺突和一对能翻缩的泡。这同昆虫纲的双尾目极为相似。

↑一种结合纲生物 -Soniamartinez 提供

思考题

请说明昆虫纲的生物分类。

一生多变态，身分三节六条腿

——昆虫的特征

昆虫在生物圈中扮演着很重要的角色。虫媒花（也称虫媒授粉植物）需要得到昆虫的帮助，才能传播花粉而延续后代。蜜蜂采集的蜂蜜，也是人们喜欢的食品之一。在东南亚和南美的一些地方，昆虫本身就是当地人的食品。但昆虫也可能对人类产生威胁，如蝗虫和白蚁。有一些昆虫，如蚊子，还是疾病的传播者。有一些昆虫能够借由毒液

↑蜜蜂给玫瑰授花粉 –Debivort 提供

↑埃塞俄比亚蝗虫 –Bendzh 提供

↑尖头的是白蚁兵蚁，圆头的是白蚁工蚁 –Division，CSIRO 提供

↑10 厘米长的雌蚊子 −Alvesgaspar 提供　　↑ 胡蜂 −Hdwallpapers.iran.sc 提供

或是叮咬对人类造成伤害，如胡蜂在有人入侵地盘时会以螯针注入毒液。

　　昆虫在分类学上属于昆虫纲，是世界上种类最多的动物，已发现的超过100 万种。其中，单是鞘翅目中包含的种数就比其他所有动物界中的种数还多。

　　昆虫在动物界中属于节肢动物门中的昆虫纲，主要特征如下。

　　（1）身体没有内骨骼的支持，外裹一层由甲壳素（又称几丁质）构成的壳。这层壳有分节，利于运动，就像古代兵士的盔甲。身体的环节分别集合组成头、胸、腹三个体段。

　　（2）头部是感觉和取食中心，具有口器（嘴）和一对触角，通常还有复眼和单眼。

　　（3）胸部是运动中心，有三对足，一般还有两对翅。

　　（4）腹部是生殖与代谢中心，其中包含着生殖器和大部分内脏；

　　（5）生长发育过程只有经过一系列内部和外部形态的变化，才能转变为成虫。这种体态的改变称为变态。

　　蜘蛛、蝎子、蜈蚣和马陆是昆虫吗？

　　蜘蛛、蝎子的身体分为头胸部

↑昆虫，从左上方顺时针开始：双翅目的舞虻、鞘翅目的象鼻虫、直翅目的蝼蛄、膜翅目的德国黄胡蜂、鳞翅目的天蚕蛾与半翅目的猎蝽 −Bugboy52.40 提供

↑蜘蛛 –Frode Inge Helland 提供　　　　↑泰国的亚洲森林蝎 –Chris huh 提供

↑蜈蚣 –Eran Finkle 提供　　　　↑丛林千足虫——马陆 –Thomas Brown 提供

和腹部两段，还长着8条腿，蜈蚣、马陆几乎每一环节（体节）上都有 1 ～ 2 对足，它们都不是昆虫。

思考题

1. 请说明昆虫的主要特征。
2. 蜘蛛是昆虫吗?

造物奇迹，妙图详解头、胸、腹

——昆虫的身体构造

昆虫的身体分为头部、胸部和腹部。

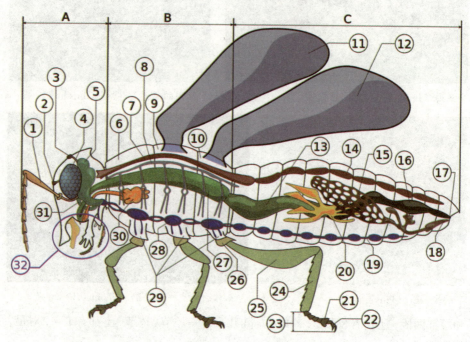

↑昆虫解剖图 —Piotr Jaworski，PioM 提供

A–头部　B–胸部　C–腹部

① 触角；② 单眼（前）；③ 单眼（上）；④ 复眼；⑤ 脑部（脑神经节）；⑥ 前胸；⑦ 背动脉；⑧ 气管；⑨ 中胸；⑩ 后胸；⑪ 前翅；⑫ 后翅；⑬ 中部内脏（胃）；⑭ 心脏；⑮ 卵巢；⑯ 后部内脏（肠、直肠和肛门）；⑰ 肛门；⑱ 阴道；⑲ 腹神经索；⑳ 马氏管；㉑ 爪垫；㉒ 爪；㉓ 跗节；㉔ 胫节；㉕ 腿节；㉖ 转节；㉗ 前部内脏（嗉囊）；㉘ 胸部神经节；㉙ 基节；㉚ 唾液腺；㉛ 咽下神经节；㉜ 口器。

1. 头部

昆虫的头部有各种感觉器官，如触角、复眼、单眼、口器等。

触角除了有触觉外，有时还会传递气味信息。在某些雄性蚊子中，触角甚至有听觉。借助触角，它们才能听见同类雌蚊飞行震动时的声音，以利于交配。

昆虫的眼大多是复眼。复眼由上千只单眼组成。每只小眼会独立成像，总体合成一幅网格样的全像。很多昆虫除此之外还有两到三只单眼，它们的作用

↑昆虫触角

↑蚜虫用刺吸式口器吸食植物汁液

↑食虫虻的复眼 –Computer Hotline 提供

↑虻的单眼（图中央偏左的棕色物），两侧的网状构造则为复眼。–Opoterser 提供

并非成像，而是通过光调节自身作息生物节律。

　　头部还有口器。上颚是有力的嚼咬工具。下颚主要用来稳住和进一步细嚼食物。但口器也可以有其他形态，如异翅亚目的椿象有一个薄薄的尖型嘴（刺吸式口器），蜂则有一个长而软的吸管（嚼吸式口器）。蜻蜓的若虫具有脸盖。

知识链接

　　口器（Arthropod mouthparts）　　位于节肢动物口两侧的器官，有摄取食物及感觉等作用。

　　昆虫口器由头部后面的三对附肢和一部分头部结构联合组成，主要有摄食、感觉等功能。昆虫的口器包括上唇一个，大颚一对，小颚一对，舌、下唇各一个。上唇是口前页，一块（其内有突起，叫上舌）。舌是上唇之后、下唇之前的一狭长突起，唾液腺一般开口于其后壁的基部。大颚、小颚、下唇属于头部后的三对附肢。

　　昆虫的食性非常广泛，口器一般有五种类型，如咀嚼式口器、嚼吸式口器、刺吸式口器、舐吸式口器和虹吸式口器。

　　咀嚼式口器　　以咀嚼植物或动物的固体组织为食，如蜚蠊、蝗虫、豆娘等。

　　嚼吸式口器　　口器构造复杂，除大颚可用作咀嚼或塑蜡外，中舌、小颚外页和下唇须合并构成复杂的食物管，藉以吸食花蜜。如蜜蜂等。

　　刺吸式口器　　口器形成了针管形，用以吸食植物或动物体内的液汁。这种口器不能食固体食物，只能刺入组织中吸取汁液。如蚊、虱、椿象等。

　　舐吸式口器　　其主要部分为头部和以下唇为主构成的吻，吻端是下唇形成的伪气管组成的唇瓣，用以收集物体表面的液汁；下唇包住了上唇和舌，上唇和舌构成食物道。舌中还有唾液管。如蝇等。

　　虹吸式口器　　口器呈吸管状，是以小颚的外叶左右合抱成长管状的食物道，盘卷在头部前下方，如钟表的发条一样，用时伸长。如蛾、蝶等。

　　脸盖（mask）　　蜻蜓类的若虫具有特异形状的下唇，称为脸盖。形颇大，覆盖着口器的其他部分，因此得名。

2. 胸部

胸部是昆虫运动的中心，具有三对胸足。胸部由三个体节组成，由前向后依次称为前胸、中胸和后胸。每个体节都带有一对胸足。胸足分成几节，分别为基节（coxa）、转节（trochanter）、腿节（femur）、胫节（tibia）、跗节（tarsus）

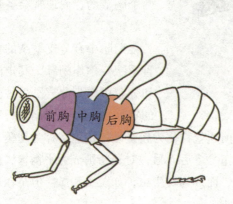

↑昆虫的前胸（PRO）、中胸（MESA）和后胸（META）

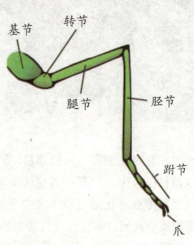

↑昆虫腿的构造

↑昆虫的翅膀 –alpinesmusic.blogspot 提供

↑跳蚤的扫描电镜照片 –CDC–Janice Haney Carr 提供

↑ 阴虱

和前跗节（pretarsus）。跗节通常分为五个跗分节，有时还带有成对的爪子。第一胸节的背部被称为前胸背板，通常会特别加固。另外两个胸节的背面通常会各带一对翅。

翅膀中有分支复杂的血管系统，称作翅脉，其走向和分布可作为分辨昆虫种类的特征之一。前翅比后翅窄而有力，有时会加固，如鞘翅目，其前翅就特化为较坚硬的构造，称为翅鞘。在双翅目昆虫中，只有一对翅膀发育正常。后面另一对翅膀则成为平衡棒。许多无翅昆虫在进化的过程中失去了翅，而成为寄生虫，如跳蚤和虱。但是在蝗虫里面也会找到许多没有飞行能力的种类。

3. 腹部

昆虫的腹部有重要的器官，如管状的心脏、梯形神经系统、胃肠系统和生殖器官。昆虫在体侧壁具有气孔，直接与外界大气接触，可透过肌肉的收缩而关闭。在腹部躯体中还藏着分支的气管，会直接把氧气送到身体的各个器官。昆虫的这一套呼吸系统非常有效。气孔的可关闭性使得昆虫具有暂时停止呼吸的能力，许多昆虫关闭气孔、屏住呼吸是为了避免吸入过量的氧气。昆虫的腹部是生殖中心，其中包含着生殖系统、大部分内脏，及无行动用的附肢，但多数昆虫有转化成外生殖器的附肢。

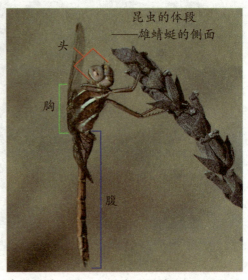
昆虫的体段
——雄蜻蜓的侧面
头
胸
腹
↑ 雄性蜻蜓的头、胸部和腹部 –JonRichfield 提供

单眼　一种结构简单的光感受器，见于许多无脊椎动物，由视觉细胞、六角形角膜和圆锥形晶体组成，只能感觉光的强弱，不能见物。

复眼　相对于单眼而言，是昆虫的主要视觉器官，通常在昆虫的头部占有突出的位置。多数昆虫的复眼呈圆形、卵圆形或肾形。复眼由多数小眼组成。每个小眼都有角膜、晶椎、色素细胞、视网膜细胞、视杆等结构，是一个独立的感光单位。

平衡棒　只存在于蚊、蝇等双翅目昆虫中，是后翅退化而成的细小棒状物。在飞行时有定位和调节的作用。捻翅目昆虫雄虫的前翅退化成细小的棒状物，称"假平衡棒"，以与双翅目昆虫的平衡棒相区别。

思考题

1. 昆虫的身体可以分为哪几个部分？
2. 昆虫触角的功能是什么？
3. 昆虫的单眼和复眼的功能分别是什么？

水中蠕虫，登陆演化成大族

——昆虫的进化

　　昆虫是从距今 3.6 亿年前的古生代的泥盆纪开始出现的，比鸟类还要早出现近 2 亿年，是地球的"老住户"了。科学家们将地壳中保存下来的化石与现存于大自然中的相似活体（活化石）进行比较，提供了可信而有依据的的昆虫起源推断。

　　昆虫最早的祖先是在水中生活的，它的样子像蠕虫，也似蚯蚓，身体分为好多可活动的环节，前端环节上生有刚毛，在运动的同时不断地触摸着周围，起着感觉作用。在头和第一环节间的下方，有着像是用来取食的小孔。这种身躯构造简单的蠕虫形状的动物，便被认为是环形动物、钩足动物和节肢动物的共同祖先，也是昆虫的始祖。

↑ 泥盆纪景象 —Melbourne Museum 提供

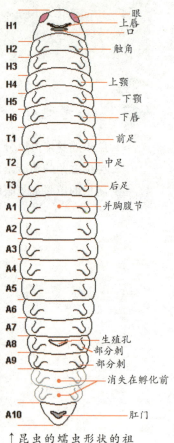

↑ 昆虫的蠕虫形状的祖先 —Dave Cushman 提供

随着时间的推移，昆虫肢体功能实现进化，逐渐登上陆地。为了适应陆地生活，它们的身体构造发生着巨大变化，由原来的较多环形体节及附肢，演变成为具有头、胸、腹三大段的体态。这个演化过程大约经历了2亿～3亿年，而且还将缓慢而不停地继续演变下去。

↑ 内口纲下双尾目动物 –Mvuijlst 提供

这种演化从距今 3.6 亿年前的古生代的泥盆纪昆虫开始出现。早期的昆虫从小长到大都是一个模样，不同的是只有身体的节数在变化，性发育由不成熟到成熟。那时它们在体躯上没有明显的可用来飞翔的翅，原来的多条腹足也没有完全退化。后来有些种类的腹足演化成用来跳跃的器官；有些种类如昆虫纲的近亲内口纲还保持着原来的体态，如曾经列入昆虫纲现今被列为内口纲中的弹尾目、原尾目及双尾目动物。随着时间的流逝，大约在泥盆纪末期，有些昆虫才由无翅演化到有翅。

在以后亿万年的漫长历史变迁中，有些种类的昆虫，由于不能适应冰川、洪水、干旱以及地壳移动等外界环境的剧烈变化，就在演变过程中被大自然所淘汰；也有些种类的昆虫，逐渐适应了环境，这就是延续到现在的昆虫，如蜻蜓、蟑螂，它们的模样与数万年前的化石标本没有区别。

大约在石炭纪，距今 2.9 亿年前，那是昆虫演变速度最快的时期。这段时

↑ 蜻蜓化石 –fossilmall 提供

间内，许多不同形状的昆虫相继出现，但大多数种类属于渐进变态的不完全变态类型。在以后的世代中，有些昆虫从幼期发育到成虫，无论从身体形状到发育过程都有明显的变化，成为一生中要经过卵、幼虫、蛹、成虫四个不同发育阶段的完全变态类群。

为什么石炭纪成为昆虫的发轫期？这与当时的自然环境有着极为密切的关系。在多种复杂的关系中，与植物的关

↑ 石炭纪景象 –Melbourne Museum 提供

↑ 石炭纪巨型蜻蜓 –daggerwrist.tumblr.com 提供

↑ 始祖鸟 –Ballista 提供

系最为密切，因为当时大多数种类的昆虫主要以植物为食。

在石炭纪时期，大自然中的森林树木已是枝繁叶茂、郁郁葱葱，为植物提供水分的沼泽、湖泊又是星罗棋布，这就为植食性的昆虫提供了生存和加速繁衍的良机。但是，这优越的生存环境并不十分平静，在植食昆虫与植食性的大动物之间，以及以昆虫为食的其他动物之间，甚至是昆虫之间，展开了一场生与死的激烈竞争。

在这场求生的殊死搏斗中，并非体大、性猛的物种获胜，反而是许多体形小、食量少、繁殖力强，尤其是以植物为食的昆虫获得了飞速发展的良机。

昆虫在地球上的生存与发展，并非一帆风顺，而是经历了几次大的起伏。其中比较突出的一次大的毁灭性灾难，发生在距今 2.3 亿 ~ 1.9 亿年前的中生代。那时地球上的气候发生了突如其来的变化，生机勃勃的陆地由于干旱而变成了不毛之地，森林绿洲只局限于湖泊岸边和沿海地区的小范围内，这就使植食性昆虫失去了

↑ 白垩纪景象 –Melbourne Museum 提供

↑白垩纪飞虱化石 –fossilmall 提供

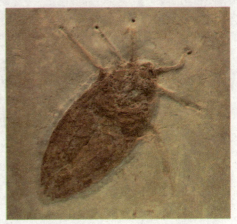

↑白垩纪巨型蟑螂化石 –fossilmall 提供

赖以生存的食源。在此阶段的突变中，原来生活于水域中的部分爬行动物，由于水域的缩小而改变着水中的生活习性及身体结构，演变成了会飞的而且由植食性转变成以捕食昆虫为主的始祖鸟，这就使在森林、绿地间飞翔的部分有翅昆虫失去了生存的领空。但是，也有适应性极强的昆虫种类仍然借助于自身的种种优势，顽强地延续着自己的种群。

特别值得一提的是，在此期间（大约在 1.3 亿～ 0.65 亿年前的白垩纪）地球上的近代植物群落的形成，特别是显花植物种类的增加，各种依靠花蜜生活的昆虫种类（如鳞翅目昆虫）以及捕食性昆虫（如螳螂目等昆虫）便与日俱增；随着哺乳动物及鸟类家庭的兴旺，靠营体外寄生生活的虱毛目、蚤目等昆虫也随之而生，这样便逐渐形成了五彩缤纷的昆虫世界。

**知
识
链
接**

始祖鸟　至今发现的最早并且是最原始的鸟类，它生活在侏罗纪，又名古翼鸟。

思考题

昆虫的始祖是什么样的生物？生活在哪里？

变态发育，成功繁殖显优势

——昆虫的生长和发育

昆虫的生长受到坚硬的外壳的限制，要突破这个生长限制，只能通过蜕皮。蜕皮就是指昆虫将旧的外壳褪去，取而代之的是新的更大的外壳。昆虫的一生大概蜕皮 5 ~ 15 次，不同种类的昆虫蜕皮次数可能会不同。有

卵　　　　　　　　　　幼虫　　　　　　　　成虫

↑昆虫的不变态发育

许多昆虫，如蝗虫，会吃掉蜕去的旧外壳。

有些昆虫其幼虫和成虫从外部形态比较，仅体型较大，此种称为不变态。例如，衣鱼的成虫生殖器官发育成熟，具有生殖能力（和幼虫不同），这也是从外部形态无法观察到的改变。

另一些昆虫的成虫的外部形态与幼虫相差极大，从幼虫生长发育到成虫的形变被称为变态发育。

如果幼虫直接发育成为成虫，称为不完全变态，指成虫和幼虫的形态和生活习性相似，形态无太大差别，只是幼虫身体较小，生殖器官未发育成熟，翅未发育完全（翅芽）。此类昆虫的发育过程经过受精卵、幼虫（若虫或稚虫）、成虫三个阶段，如蝗虫、蚱蜢、椿象、蜻蜓、螳（俗

↑衣鱼

卵　　　若虫　　　成虫

↑昆虫的不完全变态发育

称豆娘）、蟋蟀、蝼蛄、蝉等。如果成虫与幼虫生长的地方不一样，那么它俩之间的形态差异会非常显著，如蜻蜓和蜉蝣。相反，如果成虫与幼虫生活的环境相似，它们的形态差别就没那么明显了，如蝽科和臭虫科的昆虫。

不完全变态昆虫通常更进一步分为渐变态、半变态以及原变态三类。渐变态昆虫的若虫和成虫生活在相同的环境（水、空气或土壤等）中，如直翅目的蝗虫和蟋蟀，以及一些半翅目的昆虫。半变态及前变态昆虫的稚虫和成虫生活的环境不同，如蜻蜓的稚虫水虿

↑长叶异痣蟌（豆娘）幼虫 –Charlesjsharp 提供

生活在水中，而成虫蜻蜓则生活在空中；蝉的稚虫生活在土壤中，而成虫则生活在树上。

相对于昆虫的不完全变态，若在幼虫、成虫这两种活动状态之间还存在着一个静止状态——蛹的话，则会被称之为完全变态。完全变态发育的过程要经

幼虫

卵　　　蛹

成虫

↑瓢虫的完全变态 –Georgy 提供

↑西方花蓟马 –OpenCage 提供

↑草叶上的雄蜉蝣 –Zapyon 提供

↑蜉蝣幼虫

历受精卵、幼虫、蛹、成虫四个时期，幼虫的形态结构和生理功能与成虫显著不同，如瓢虫、蚊、蝇、菜粉蝶、蜜蜂、苍蝇、家蚕等。在这种发育中，昆虫会经过一个吐丝结茧，在茧内化蛹的过程。也有昆虫的发育类型介乎于这两者之间，如蓟马的最后一个幼虫阶段即是静止状态。

昆虫的幼虫阶段，其实就是不断进食的阶段，成虫的任务通常只有一个，就是生育繁殖，很多时候甚至不再进食。因此，昆虫的幼虫期通常长于成虫期。最好的例子是蜉蝣，它们的幼虫期长达几年，而成虫期只有一天。金龟子的幼虫期为三年，成虫活不到几天。

许多昆虫的生命周期少于一年，但它们拥有一套内在调节机制，使其成虫在每年的同一个季节出现。这对它们来说非常重要，因为有些昆虫的幼虫需要依赖某种特定植物，通过这种调节机制使得它们可以在每年的同一时候找到适合自己生长的地方。如某种蜂，它们需要专一收集某种花的花粉和花蜜，以提供其后代幼虫发育所需的营养。因此，采蜜期与花期同步就显得十分必要了。

昆虫在静止期会经历一系列的构造变化，而静止期可以发生在不同的发育阶段。许多蜜蜂和野蜂在蛹期前九个月会以饱食状态静闭在造好的茧中，而且只有这样过上几年，才成蛹蜕变为成虫。许多昆虫可以在一年之

↑红切叶蜂的茧

间交替几代。家蝇甚至可以在一年之内交替 15 代。相反，一些蝗虫和蜻蜓种类则需要 5 年的发育期。

若虫 不完全变态昆虫的幼虫被称为若虫（nymph）。故若虫不是某一种昆虫，而是一类昆虫发育至某一段时期的称谓，即营陆生生活的不完全变态昆虫的幼体。

稚虫 某些昆虫的未成熟阶段，如蜻蜓目、蜉蝣目和襀翅目昆虫等的幼体。稚虫（naiad）是不完全变态类（半变态、原变态）昆虫的幼体。稚虫水栖，以鳃呼吸；成虫陆生，以气管呼吸；两者形态、习性迥然不同。

原变态 有翅亚纲中最原始的变态类型，仅见于蜉蝣目昆虫。其变态特点是从幼虫期（稚虫）转变为真正的成虫期要经过一个亚成虫期。亚成虫在外形上与成虫相似，性已发育成熟，翅已展开，也能飞翔但体色较浅，足较短，多呈静止状态。亚成虫历期较短，一般经一个至数个小时，即再经一次脱皮变为成虫。

渐变态 其特点是幼体与成虫在体形、习性及栖息环境等方面都很相似，但幼体的翅发育还不完全，称为翅芽（一般在第 2～3 龄期出现），生殖器官也未发育成熟，特称为若虫 (nymph)。所以转变成成虫后，除了翅和性器官的完全成长外，成虫在形态上与幼期没有其他的重要差别。

半变态 属于不完全变态的一种，是昆虫发育的一种类型。此类型的昆虫发育包括三个阶段：卵、稚虫（naiad）和成虫。三个阶段之间是逐渐变化的，没有蛹这个阶段。稚虫通常与成虫外表相似，但其生态异于成虫，也有复眼、展开的腿以及突出于体外可以被观察到的翅。

思考题

1. 举例说明昆虫的不完全变态和完全变态。
2. 昆虫的不完全变态有哪几种类型？

动物大族，一百万种遍三界

——昆虫家族的种类

　　昆虫纲是节肢动物门中最大的纲，也是动物界中最大的纲。目前已被发现的昆虫超过 100 万种。因为分类学家们还在不断地发现新品种，所以要想知道昆虫的精确种类数是很困难的。昆虫纲中最大的目是鞘翅目，目前已超过 25 万种，其中象甲总科竟多到 6 万种左右。

　　昆虫不但种类多，而且同种的个体数量十分惊人。一个蚂蚁群体可多达 50 万个个体。曾有人估计，整个蚂蚁的数量可能超过全部其他昆虫的总数。发生小麦吸浆虫灾害的年代，一亩地有小麦吸浆虫 2 592 万个之多。一棵树可拥有 10 万的蚜虫个体。

　　昆虫的分布面之广，没有其他纲的动物可以与之相比，几乎遍及整个地球。从赤道到两极，从海洋、河流到沙漠，高至"世界屋脊"——珠穆朗玛峰，低至几米深的土壤里，都有昆虫的存在。这样广泛的分布，说明昆虫有惊人的适应能力，这也是昆虫种类繁多的生态基础。

　　昆虫的分类如下，标†者为已灭绝的目。

↑玫瑰花蕾上的蚜虫 –Karl432 提供

无翅亚纲（Apterygota）

* 石蛃目（Archaeognatha）
* 缨尾目（Thysanura）
* 单尾目（Monura）†

有翅亚纲（Pterygota）

古翅下纲（Palaeoptera）（并系）

* 蜉蝣目（Ephemeroptera）
* 古网翅目（Palaeodictyoptera）†
* Megasecoptera†
* 古蜻蜓目（Archodonata）†
* 透翅目（Diaphanopterodea）†
* 原蜻蜓目（Protodonata）†
* 蜻蛉目（Odonata）

新翅下纲（Neoptera）

外翅总目（Exopterygota）

* 华脉目（Caloneurodea）†
* 巨翅目（Titanoptera）†
* 原直翅目（Protorthoptera）†
* 蛩蠊目（Grylloblattodea）
* 螳蟾目（Mantophasmatodea）
* 襀翅目（Plecoptera）
* 纺足目（Embioptera）
* 缺翅目（Zoraptera）
* 革翅目（Dermaptera）
* 直翅目（Orthoptera）

* 䗛目（或竹节虫目）（Phasmatodea）
* 蜚蠊目（Blattodea）
* 等翅目（Isoptera）
* 螳螂目（Mantodea）
* 啮虫目（Psocoptera）
* 缨翅目（Thysanoptera）
* 虱毛目（Phthiraptera）
* 半翅目（Hemiptera）

内翅总目（Endopterygota）

* 膜翅目（Hymenoptera）
* 鞘翅目（Coleoptera）
* 捻翅目（Strepsiptera）
* 蛇蛉目（Raphidioptera）
* 脉翅目（Neuroptera）
* 长翅目（Mecoptera）
* 蚤目（Siphonaptera）
* 双翅目（Diptera）
* 原双翅目（Protodiptera）†

类脉总目（Amphiesmenoptera）

* 毛翅目（Trichoptera）
* 鳞翅目（Lepidoptera）

分类地位未定

* 舌鞘目（Glosselytrodea）†
* Miomoptera†

思考题

1. 昆虫的种数大约有多少？
2. 昆虫纲大约有多少个目？

身穿甲壳，甲虫遍布水陆空

——鞘翅目（Coleoptera）

鞘翅目是昆虫纲中最大的目，包括各种甲虫。目前全世界的甲虫约182科，约有35万种，占昆虫总数的40%。除了在海洋和极地之外，任何环境都可以发现甲虫。中国已记载约10 000种甲虫。

科学分类
界：动物界 Animalia
门：节肢动物门 Arthropoda
纲：昆虫纲 Insecta
亚纲：有翅亚纲 Pterygota
下纲：新翅下纲 Neoptera
总目：内翅总目 Endopterygota
目：鞘翅目 Coleoptera

亚　目
* 肉食亚目 Adephaga
* 原鞘亚目 Archostemata
* 粘食亚目 Myxophaga
* 多食亚目 Polyphaga

甲虫一般都有外骨骼，前翅为硬壳，通常可以覆盖身体的一部分以及保护后翅；前翅不能用来飞行。后翅膜质，有时退化。已有部分种类的甲虫丧失飞行能力，如步行虫和象鼻虫。复眼发达，常无单眼。触角形状多变。甲虫有咀嚼式口器。

↑步行虫和它的猎物——蚯蚓 –Soebe 提供

甲虫为完全变态的生物，经历卵、幼虫、蛹、成虫四阶段。

甲虫的食性很广，分植食性——各种叶甲、花金龟，肉食性——步甲、虎甲，腐食性——阎甲，尸食性——葬甲（又称埋葬虫），粪食性——粪金龟。

有一些种类的甲虫是农

↑立陶宛的一种象鼻虫，背上的黑色斑点使它看起来像一个储蓄罐 –Wikia 提供

↑一种象鼻虫 –Grahame Bowland 提供

↑钻石象鼻虫（diamond weevil）乌黑的翅膀上覆盖着彩虹色的鳞片，就像披着一件镶满宝石的大衣。—Quartl 提供

↑甲虫的咀嚼式口器

↑叶甲 —Bj.schoenmakers 提供

↑艳丽的花金龟 —Ltshears 提供

↑ 交配中的绿虎甲 –Ian Alexander 提供

↑ 阎甲 – ЕленаM 提供

↑步甲 –Bob Peterson 提供

↑节日虎甲 –Bob Peterson 提供

↑葬甲（又称埋葬虫）–Michael Patnaude 提供

↑许多粪金龟在享用马粪 –Duwwel 提供

业、林业、果树和园艺的害虫和益虫，或由于商业运输等原因而成为了仓储物和人类居室的害虫。

思考题

你能说出多少种鞘翅目昆虫？

毛虫蜕变，蛾飞蝶舞展鳞翅

——鳞翅目（Lepidoptera）

鳞翅目是昆虫纲中第二大目，包括各种蝴蝶和蛾类。鳞翅目有超过 40 个的总科、超过 120 个的科（依照分类方式的不同而有所差异）及超过 18 万种的种类，绝大部分属于蛾类，蝶类只占约 10%。它的分布范围极广，以热带种类最为丰富。中国已记载约 1 万种，其中蝶类 1 300 多种。

成虫有两对翅膀，体、翅密布鳞片和毛，前、

科学分类

界：动物界 Animalia
门：节肢动物门 Arthropoda
纲：昆虫纲 Insecta
目：鳞翅目 Lepidoptera

↑美国加利福尼亚州蒙特雷半岛太平洋丛林镇的黑脉金斑蝶 –Agunther 提供

↑长翅斑马蝴蝶 –Tammy Powers 提供

↑燕尾蝶 –Jeevan Jose 提供

↑松异舟蛾是分布在欧洲南部、地中海地区和北非，危害最重的一种森林害虫 –Alvesgaspar 提供

↑虹吸式口器——蝴蝶的舌头 –Steve Jurvetson 提供

↑虹吸式口器 –Wikipedia 提供

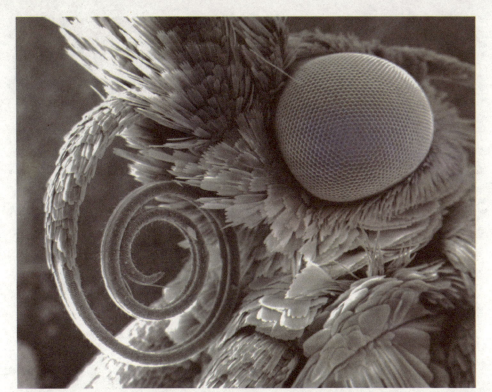

↑虹吸式口器——蝴蝶的舌头 –Wikipedia 提供

↑印度的细纹波峡蝶的卵 –School of Ecology and Conservation, University of Agricultural Sciences Bangalore 提供

↑七叶树蝴蝶在交尾 –Kenneth Dwain Harrelson 提供

后翅一般有中室。口器为虹吸式，呈吸管状，下唇须发达。幼虫为多足型，俗称毛毛虫，腹足有趾钩。

　　鳞翅目昆虫是完全变态生物，经历卵、幼虫、蛹、成虫四阶段。

　　鳞翅目中有许多害虫，如桃小食心虫、苹果小卷叶蛾、棉铃虫、菜粉蝶、

↑东方桃小食心虫幼虫 –Clemson University –USDA Cooperative Extension Slide Series 提供

↑苹果小卷叶蛾 –AGP 提供

↑棉铃虫 –Gyorgy Csoka 提供

↑菜粉蝶 –Darkone 提供

小菜蛾以及许多鳞翅目仓虫，如印度谷螟等。鳞翅目中绝大多数种类的幼虫危害各类栽培植物，体形较大者常食尽叶片或钻蛀枝干。体形较小者往往卷叶、缀叶、结鞘、吐丝结网或钻入植物组织取食。成虫多以花蜜等作为补充营养，或口器退化不再取食，一般不造成直接危害。许多鳞翅目成虫能够传花授粉，家蚕、柞蚕等能产丝，蝴蝶与蛾类具有艺术观赏价值。

↑棉铃虫成虫 –Hectonichus 提供

↑菜粉蝶幼虫 –Wikia 提供

↑小菜蛾 –Olaf Leillinger 提供

↑小菜蛾幼虫 –Ellmist 提供

↑印度谷螟 −Olei 提供

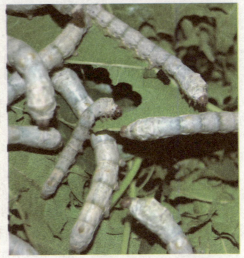

↑家蚕 −Fastily 提供

↑柞蚕 −Shawn Hanrahan 提供

 思考题

蝴蝶的生长发育是哪一种变态类型?

蝇蚊蚋蠓虻，小小口器威力大
——双翅目（Diptera）

双翅目包括蚊、蠓（蚋蠓）、蚋（黑蝇）、虻、蝇等，约有 8.5 万种，是昆虫纲中居于鞘翅目、鳞翅目和膜翅目之后的第四大目。除了南极洲之外，双翅目的昆虫在全世界的分布都很普遍。中国已记载约 5 000 种。

亚　目

* 长角亚目 Nematocera
* 短角亚目 Brachycera

双翅目的昆虫只有一对翅膀，其后翅均已退化成一对棒槌状的器官——平衡棒，在飞行时用来协助平衡。其中，少数双翅目品种的翅膀和平衡棒均已退化，不具飞翔能力。少数种类无翅，跗节 5 节。口器为刺吸式或舐吸式。

双翅目属于完全变态的昆虫，也就是从无翅的蛆或孑孓经过化蛹后变为能够飞翔的成虫。

大多数摄取液态的食物，如腐败的有机物，或花蜜或树汁等，而部分种类

↑ 亚洲虎蚊 –James Gathany 提供

↑ 蚱蜢 –Ltshears 提供

↑ 蚋（黑蝇）

↑ 虻 –Dennis Ray 提供

↑ 绿蝇 –Umberto Salvagnin 提供

↑苍蝇头部 –Richard Bartz 提供

↑舔吸式口器——寄蝇舔吸蜂蜜 –Richard Bartz 提供

↑雌马蝇的刺吸式口器 –Thomas Shahan 提供

↑ 德国达姆施塔特的一对食虫虻在交尾 –Fritz Geller–Grimm 提供

↑ 美国科罗拉多州海拔 2 300 米处的一种
寄蝇(雌性),约长 18 毫米,翅展 20 毫米.
–Bruce Marlin 提供

↑ 英格兰汉普郡的一种寄蝇 –Valerius 提供

↑食虫虻吃甲虫 –Hectonichus 提供

↑长 25 毫米的食虫虻捕获食蚜蝇 – Fir0002 提供

↑食虫虻对蚱蜢说："太爱你了！抱你没商量。"印度喀拉拉邦的食虫虻捕获蚱蜢，它结实的短喙和带刺而有力的腿有助于捕获飞行的猎物 –Jeevan Jose 提供

↑蜘蛛吃苍蝇 –Alvesgaspar 提供

吸取人类或动物的体液。另外某些种类以寄生或猎取其他昆虫为食，如寄蝇、食虫虻等。其中某些种类是传播疾病的媒介，有些种类是农林生产的重要害虫或益虫。

思考题

你能说出多少种双翅目昆虫？

细腰蜂蚁，授粉、捕食或寄生

——膜翅目（Hymenoptera）

膜翅目是昆虫纲中的一个目，它的名字来自于其膜一般的透明的翅膀，它包括各种蜂和蚂蚁。在全世界它有11万多个种，是昆虫纲中第三大目（次于鞘翅目和鳞翅目）。膜翅目广泛分布于世界各地，以热带和亚热带地区种类最多。根据腹部基部是否缢缩变细，分为广腰亚目和细腰亚目。广腰亚目是低等植食性类群，包括叶蜂、树蜂、茎蜂等类群。细腰亚目包括膜翅目的大部分种类，有蜜蜂、熊蜂、胡蜂、黄蜂、姬蜂和蚂蚁等的种类，

↑叶蜂和幼虫 −Benjamint444 提供

↑树蜂 –Dan Fleet 提供

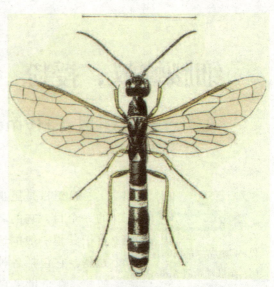

↑茎蜂 –Peter Cameron（died 1912）提供

↑蜜蜂 –Frank Mikley 提供

↑熊蜂 –Wikipedia 提供

也有危害农作物的小麦叶蜂、梨实蜂等。

　　膜翅目中的昆虫体长从 0.25 厘米到 7 厘米不等，最大的翅展达 10 厘米，小的膜翅目昆虫的翅展只有 1 毫米，是昆虫中最小的。一般膜翅目昆虫拥有两个透明的、膜一般薄的翅膀，翅膀上的脉将每个翅膀分为面积比较大的格，一般来说翅膀的运动方向相同。有些膜翅目昆虫的翅膀也完全退化了（如蚂蚁中的工蚁）。飞行时膜翅目的两个翅膀一般同步运动。大多数膜翅目昆虫有两个大的复眼和三个小的单眼。一般膜翅目的口器为咀嚼式，但也有一些

↑印度北部旁遮普邦的一种黄色胡蜂
－Abhishekkaushal 提供

↑红尾胡蜂－Pollinator 提供

↑窗外的胡蜂窝

↑德国黄蜂交配，右为雌蜂

↑黄蜂攻击蜘蛛－Harald Hoyer 提供

↑达累斯萨拉姆的姬蜂－Muhammad Mahdi
Karim 提供

↑一种寄生于舞毒蛾毛虫的寄生蜂在毛虫
身上产卵。–by wikipedia

↑大黑蚁 –Richard Bartz 提供

↑小麦叶蜂

↑波罗的海琥珀中的蚂蚁 –Brocken Inaglory 提供

↑ 非洲雨林中的一种蚂蚁，每只长 15 毫米～ 20 毫米 –Muhammad Mahdi Karim 提供

↑ 蚂蚁守护它的蚜虫 –Viamoi 提供

↑ 梨实蜂幼虫

昆虫的嘴为舐吸式，如蜜蜂。腹部第一节多向前并入胸部，常与第二腹节形成细腰。膜翅目是全变态类昆虫中唯一有产卵管的昆虫，许多膜翅目昆虫的产卵管变异为一根毒针。

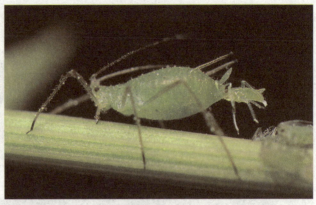

↑孤雌生殖——雌蚜虫不需雄性精子就能生出小蚜虫 -MedievalRich 提供

膜翅目属于完全变态的昆虫，经历卵、幼虫、蛹、成虫四个阶段。膜翅目雄性一般由孤雌生殖形成，雌性昆虫从受精卵孵化而成。

膜翅目为植食性或寄生性，包括各种蚁和蜂；也有肉食性的，如胡蜂等。部分种类营合群生活，是昆虫中最进化的类群。膜翅目常见的有蜜蜂、蚂蚁、马蜂、姬蜂、小蜂、叶蜂等。除叶蜂类危害植物外，大多数种类为有益昆虫，是资源昆虫、传粉昆虫和天敌昆虫，具有极高的经济价值。

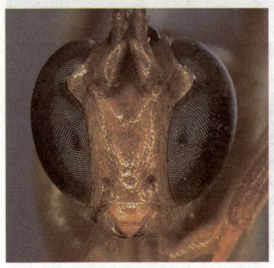

↑大多数膜翅目昆虫有两个大的复眼和三个小的单眼

↑一窝蜜蜂 -Mark Osgatharp 提供

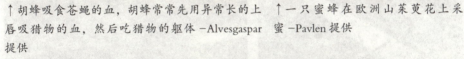

↑胡蜂吸食苍蝇的血，胡蜂常常先用异常长的上唇吸猎物的血，然后吃猎物的躯体 –Alvesgaspar 提供

↑一只蜜蜂在欧洲山茱萸花上采蜜 –Pavlen 提供

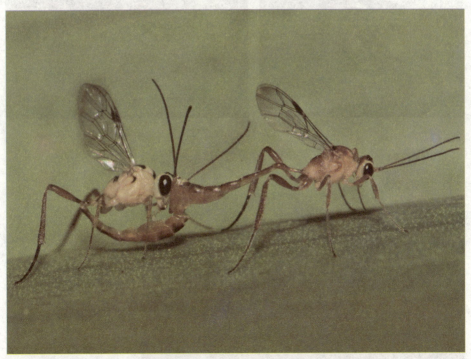

↑达累斯萨拉姆的姬蜂交尾，每只长 5 毫米 –Muhammad Mahdi Karim 提供

知识链接

　　腹节　昆虫腹部的各体节称为腹节。腹部是昆虫体躯的第三体段，是代谢和生殖中心。

　　孤雌生殖　也称单性生殖，即卵不经过受精也能发育成正常的新个体。

思考题

1. 蝴蝶的生长发育是哪一种变态类型？

2. 什么是孤雌生殖？

↑巨型褶翅小蜂 –IronChris 提供

↑雌叶蜂吃小甲虫 –Bruce Marlin 提供

←一种肉食性蚂蚁在挖洞 –by wikipedia

口能刺吸，水陆取食动植物

——半翅目（Hemiptera）

半翅目约有133科，超过 6 万种，由两个亚目组成：异翅亚目（隐角亚目）和同翅亚目（显角亚目）。异翅亚目包括椿象、水黾、红娘华、水螳螂等；同翅亚目包括蝉、沫蝉、蚜虫等昆虫。全世界各大动物地理区都有分布。中国已记录的种类有 3 100 多种。

亚　　目

* 异翅亚目 Heteroptera
* 胸喙亚目 Sternorrhyncha
* 颈喙亚目 Auchenorrhyncha

↑2 厘米长的荔蝽若虫 –James Niland 提供

↑饕餮大餐，12只水黾聚集在一起吃一只淹死的
蜜蜂 –Fritz Geller–Grimm 提供

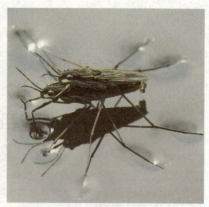

↑水黾交配时利用水表的张力 –Markus
Gayda 提供

→树皮蝽 –Ton Rulkens 提供

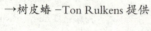

↓水黾吃苍蝇 –Ildar Sagdejev 提供

↑ 红娘华 –Wikipedia 提供

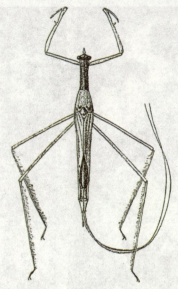
↑ 水螳螂

↑ 水螳螂 –Kulac 提供

↑蝉的成虫从若虫壳脱出 –Roland311 提供

↑蝉在蜕壳 –Brian1442 提供

↑一只被蜘蛛捕获的蝉 –Honza Beran 提供

↑ 17 年蝉 –USDAgov 提供

↑ 蚂蚁吃蝉 –Jjron 提供

↑ 沫蝉 –Mike Baird 提供

↑ 北美香柏上的蚂蚁和蚜虫 –Carlos Delgado 提供

↑大豆叶上的大豆蚜虫 −Claudio Gratton 提供

↑猎蝽的刺吸式口器

↑ 蚂蚁吸食幼虫的蜜露 –Jmalik 提供

↑ 瓢虫吃蚜虫 –XIIIfromTOKYO 提供

↑ 大的黑树皮桃蚜和蚂蚁 —Eran Finkle 提供

　　半翅目的体长约 1.5 毫米 ~ 160 毫米，体壁坚硬，较扁平，常为圆形或细长，体绿、褐或具明显的警戒色斑纹。前胸背板大，中胸小盾片发达。大部分种类成虫前翅的基半部革质，端半部膜质，为半鞘翅。其前翅在静止时覆盖在身体背面，后翅藏于其下。由于一些类群前翅基部骨化加厚，成为"半鞘翅状"而得名。触角常为丝状，3 ~ 5 节，露出或隐藏在复眼下的沟内。半翅目的成虫和若虫都有刺吸式口器，喙一般有 4 节，着生点在头的前端。臭腺孔位于胸部腹面，遇到敌害会喷射出挥发性臭液。

　　半翅目属不完全变态昆虫。

　　半翅目常有臭腺，有些能发出使人恶心的气味。它们大部分吸取植物汁液，但有些种类会吸取动物或昆虫的体液，甚至猎食其他半翅目。若虫的体形及习性与成虫相似，吸食植物汁液或捕食小动物。一些半翅目昆虫食农林害虫或益虫，少数吸食血液，传播疾病。

 思考题

　　仔细观察，并查资料，说明蚂蚁与蚜虫是什么关系？

后足善跳，爱吃植物会奏乐

——直翅目（Orthoptera）

直翅目包括蝗虫、蚱蜢、螽斯、蟋蟀、蝼蛄、蚤蝼等，共约2万种。全球分布广泛，在热带和温带地区种类较多，而在高纬度和高海拔地区的种类及个体数都较少。陆栖性较多，穴居性较少，水边生活的则更少。直翅目是较原始的昆虫类群，起源于原直翅目，在上石炭时期已经分成了触角较长的螽斯类和触角较短的蝗虫类。

↑蝗虫－Alvesgaspar 提供

↑日本黄脊蝗与周边环境融为一体

↑荧光粉红色的螽斯，这种保护色用于适应红色和粉红色树叶 –Richard Whitby 提供

↑多刺螽斯 –Geoff Gallice 提供

↑马头蚱蜢 –D. Gordon E. Robertson 提供

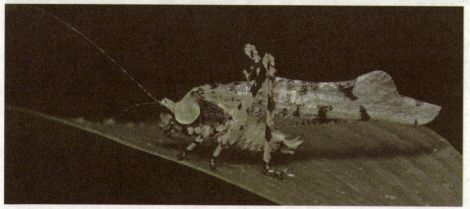

↑一种螽斯 –Geoff Gallice 提供

↑一种螽斯 −Benjamint444 提供

↑你能找到我吗？ Marshall 螽斯 −David Marshall 提供

↑日本的一种螽斯，翅膀像叶子，与绿叶融为一体

↑耶路撒冷蟋螽（沙螽），长约40毫米 –Franco Folini 提供

↑非洲田地里的蟋蟀

↑美洲大螽斯的咀嚼式口器

↑印度喀拉拉邦一种长着天使翅膀的螽斯，即使断了一条后腿，也无损于它的美丽 –Challiyil Eswaramangalath Vipin 提供

↑ 蝼蛄

　　直翅目的体长约为 2.5 毫米 ~ 90 毫米。前胸背板大。翅长短不一，有时无翅。成虫前翅是革质，称为"覆翅"，后翅是膜质，静止时成扇状折叠。口器为咀嚼式。通常有发达的后腿，善于跳跃。雌虫有发达的产卵器。尾须短，分节不明显。常有发达的发音器和听器。

　　直翅目属于不完全变态的昆虫（卵、若虫、成虫）。

　　直翅目的若虫和成虫多以植物为食，对农、林、经济作物都有危害；少数种类为杂食性或肉食性。一些直翅目的雄虫会通过翅膀和腿摩擦发出声音，吸引雌虫。

知识链接　　产卵器　即雌性昆虫的外生殖器，是雌性昆虫生殖系统的体外部分，是用以交配、受精和产卵的器官统称，主要由腹部生殖节上的附肢特化而成。雌性的外生殖器称为产卵器，雄性的外生殖器称为交配器。

思考题

1. 蟋蟀为什么要鸣叫？
2. 蟋蟀是用身体哪个部分鸣叫的？

大眼长腹，空中捕虫疾如电

——蜻蛉目（Odonata）

科学分类	
界：动物界 Animalia	
门：节肢动物门 Arthropoda	
纲：昆虫纲 Insecta	
目：蜻蛉目 Odonata	

蜻蛉目昆虫主要包括蜻蜓和螅（俗称豆娘）。世界已知约5 000种，中国已记载400多种。全球分布广泛。蜻蛉目分为三个亚目：差翅亚目

亚 目
*差翅亚目 Anisopteraa
*均翅亚目 Zygoptera
*间翅亚目 Anisozygoptera

统称"蜻蜓"，均翅亚目统称"螅"，以及发现于日本和印度的两种间翅亚目昆虫。蜻蜓身体粗壮，休息时翅膀平展于身体两侧；螅身体细长，休息时翅膀束置于背上；间翅亚目则拥有粗壮的身体和束置于背上的翅膀。

蜻蛉类昆虫头大，有硕大的复眼、两对强有力的透明翅膀，以及修长的腹部。大多数蜻蜓体长30毫米~90毫米，少数种类可达150毫米，有的种类则十分纤细，体长不足20毫米。触角为刚毛状。口器为咀嚼式。胸部发达，坚硬。前后翅等长，狭窄，翅脉网状，翅痣与翅结明显，休息时平伸，或竖立，或斜立于背上。足多刺毛。尾须小。稚虫水生，其下唇特化为面罩，利用直肠或尾鳃呼吸。

蜻蛉类昆虫属不完全变态。稚虫"水虿"在水中营捕食性生活，无蛹期。蜻蜓雄虫的交配器位于第二腹节腹面，这在昆虫中是独一无二的，但其生殖孔依然在第九腹节，交配前雄虫先把精

↑雌蜻蜓 –R. A. Nonenmacher 提供

↑蓝色豆娘 –Umberto Salvagnin 提供

↑豆娘 –Laitche 提供

↑水蛋

↑蜻蜓稚虫"水蛋"在变态 –Clinton 和 Charles Robertson 提供

↑蜻蜓捕捉猎物

↑水蛋吃小鱼

液由生殖孔送到第二腹节的交配器内。交配时，雄虫用腹部末端的抱握器挟住雌虫的前胸，然后雌虫将腹部向前弯曲使其生殖孔与雄虫的交配器结合。整个过程可在飞行中进行。人们看到两只蜻蜓相接飞行的现象，就是交配的部分过程。人们引用的成语"蜻蜓点水"，实际上是指雌虫在交配后的产卵现象，每在水面点一下，就产1粒卵，动作很快。

↑水虿吃蝌蚪

蜻蛉目的成虫为肉食性种类，捕食小型昆虫，飞行迅速，性情凶猛。成虫和稚虫均为捕食性，农业和卫生方面常视其为益虫，但成虫袭击蜜蜂群，稚虫攻击鱼苗或小鱼。

知识链接

翅脉　翅由上下两层膜质紧密接合而成一平面状，有体液进入，有气管及神经分布其中，因而保留着中空的脉纹，称为翅脉。

翅痣　又叫翼眼。有些昆虫的翅上（如蜻蜓的前后翅，膜翅目的前翅等）在其前缘的端半部有一深色斑，称为翅痣。翅痣起着使飞行平稳的作用。

抱握器　昆虫交配时，雄虫抱握雌虫的器官。

交配器　雄性动物交配用的外生殖器。无脊椎动物昆虫腹部第九节的附肢变成交配器。

生殖孔　射精管或输卵管的外端开口。

思考题

1. 蜻蜓为什么要点水？
2. 蜻蜓的稚虫生活在哪里？

朝生暮死，婚礼完毕命归西

——蜉蝣目（Ephemeroptera）

蜉蝣目通称"蜉蝣"，具有古老而特殊的体型结构，是最原始的有翅昆虫。世界已知 2 250 多种，中国记载约 250 种。

科学分类

界：动物界 Animalia
门：节肢动物门 Arthropoda
纲：昆虫纲 Insecta
目：蜉蝣目 Ephemeroptera

亚　目

* 长鞘蜉蝣亚目 Schistonota
* 短鞘蜉蝣亚目 Pannota

蜉蝣主要分布在热带至温带的广大地区，受温度、底质、水质和流水速度等的影响很大。

蜉蝣目昆虫体形细长柔软，体长通常为 3 毫米 ~ 27 毫米，刚毛状触角短，复眼大，单眼 3 个，中胸较大，翅膜质，有较密的网状脉，休息时竖立在背面，前翅发达，后翅退化，腹部末端有一对很长的尾毛（或称尾须，尾须是少数低

↑石头上的蜉蝣 –Richard Bartz 提供

等昆虫，如蜉蝣目和直翅目才具有的特征），部分种类并有中央尾丝。蜉蝣目的翅不能折叠。两侧或背面有成对的气管鳃，是适于在水中的呼吸器。

原变态，也就是在成虫期还要脱一次皮，脱皮前的成虫叫亚成虫。蜉蝣的幼虫生活在淡水湖、溪流中。通常在春夏之交的黄昏时分，成群的雄虫"婚飞"，雌虫飞入群中与雄虫交配。蜉蝣将卵产于水中。椭圆形卵很小，表面有络纹，可以黏附在水底的碎片上。一只雌蜉蝣可产卵几百到上千粒。卵在水中靠自然温度经过半月左右的胚胎发育阶段，孵化出稚虫（不完全变态的水生昆虫的幼期称为稚虫）。刚出生的稚虫还没长出在水中进行呼吸的气管鳃，这段时间只能靠皮肤吸取水中的氧气生活。稚虫蜕过一次皮，长到二龄时，身体的两边便生出鱼鳞状的气管鳃，开始进行正常的取食游泳活动。一只蜉蝣稚虫能在水中生活 1 年，更换 20 多次"外衣"。成熟稚虫可见一两对翅芽变黑；稚虫成长后，浮出水面，或爬到水边石块、植物茎上，日落后羽化为亚成虫；过

↑ 水面上的蜉蝣 –Derzsi Elekes Andor 提供

↑ 河面上漫天飞舞的蜉蝣

↑ 蜉蝣幼虫 –STB–1 提供

↑ 2014 年 7 月的夜晚，美国威斯康辛州的蜉蝣遮天盖地 —Ryan Grenoble 提供

一天后经一次蜕皮变为成虫。刚蜕皮的成虫就进行交尾，完毕后大多数雄蜉蝣立即死去，雌蜉蝣产卵后也会死亡。

蜉蝣目昆虫的成虫有趋光性，常见于灯下。蜉蝣白天不活动，隐藏在杂草丛中及河边的树叶背后，它那近似三角形的透明发亮的翅总是合拢起来竖立在背上。傍晚时成群结队在水边飞舞，进行交配产卵，因而夜晚水中的鱼儿常跃出水面，捕食接近水面飞舞的蜉蝣。雄虫交配完后，很快就结束了生命；雌虫产完卵完成了传代任务后，亦随即死于水面，成为鱼类和青蛙的饵料。成虫常在溪流、湖滩附近活动。成虫不取食，甚至没有内脏。其寿命很短，约数小时至数日不等。稚虫一般生活在淡水中，为鱼及多种动物的优良饲料。根据稚虫对水域的适应与要求，可用于人类监测水域类型与污染程度。

知识链接

羽化　昆虫从它的前一虫态脱皮而出变成成虫的现象。

 思考题

蜉蝣的生长发育是哪一种变态类型？

衣鱼、石蛃，爱吃淀粉或纸张

——缨尾目（Thysanura）

科学分类

界：动物界 Animalia
门：节肢动物门 Arthropoda
纲：昆虫纲 Insecta
亚纲：无翅亚纲 Apterygota
目：缨尾目 Thysanura

缨尾目在昆虫纲中是一个较小的目，通称衣鱼、石蛃，世界性分布，全世界有4科约370种，中国已记载约20种。缨尾目分为石蛃和衣鱼两大类。

石蛃的复眼大，左右相接，体隆起，生活在山地岩石上及海岸岩礁上，体色通常与栖息环境相似，不易被发现。如果用手在岩石上挥动，则可见石蛃在爬动，并会跳。衣鱼复眼小而左右远离或退化，体扁平。缨尾目体长4毫米～20毫米，狭长，末端尖细，身体有银灰色的鳞片，触角长而多节，丝状，末端尖锐。口器外生，咀嚼式。复眼发达或退化。没有翅膀。腹部11节，腹下有腹刺若干对，末端有一对长尾须，尾须之间生有一丝状中尾丝，故名缨尾。足的基节和腹节上常有刺突，腹板上还有泡囊。跗节2～3节，爪2～3个。雌性有产卵器。

衣鱼的个体发育过程经过卵、若虫和成虫三个时期，属于不完全变态昆虫。若虫形似成虫，较小。2～3年后性成熟。一生蜕皮多达35次，每年蜕皮3～5次。有些缨尾目昆虫寿命可长达7年。

缨尾目昆虫以富含淀粉的物质为食，常严重危害书籍和纸张等物。多数种类生

↑衣鱼－Christian Fischer 提供

↑一种衣鱼

↑石蛃 –Jymm 提供

活在湿地、石下、树皮下、苔藓间或岩石上；少数种类生活在室内、蚂蚁或白蚁的巢穴中。很活泼，有的能跳跃，行动迅速。在衣服、书、画等收藏品中时常可以看到它们。

↑一种衣鱼 –Bryan J. Hong 提供

 思考题

衣鱼的生长发育是哪一种变态类型？

体扁无翅，世间稀有活化石

——蜓蠊目（Grylloblattidae）

科学分类

界：动物界 Animalia
门：节肢动物门 Arthropoda
纲：昆虫纲 Insecta
总目：外翅总目 Exopterygota
目：蜓蠊目 Grylloblattidae

亚　目

蜓蠊亚目 Grylloblattodea
科：蜓蠊科 Grylloblattidae

蜓蠊目现存种类仅知 5 个属及 25 个物种，属稀有种类。其分布区狭窄，目前仅限于北美落基山脉以西以及亚洲东北部、西伯利亚南部等高纬度地带。中国仅知 1 种，1986 年发现于东北长白山，命名为中华蜓蠊（Galloisiana sinensis Wang），1988 年被列为国家一

↑蜓蠊 –OpenCage 提供

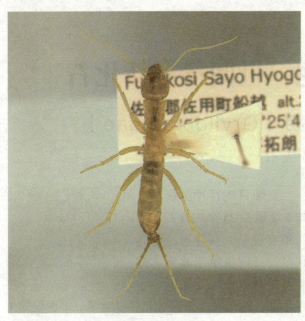
↑ 蛩蠊 —www.opencage.info 提供

级保护野生动物。蛩蠊目昆虫通称蛩蠊，以其既像蟋蟀（蛩）又似蜚蠊而得名。蛩蠊一般生活于高山上或冰川附近，多栖于海拔1 200米的高山的苔藓、石块下及朽木、土壤中，有的种类栖居于穴洞内。例如，美国和加拿大的怪蛩蠊栖息于海拔462米～2 000米高山的石块下边。

蛩蠊目是中型昆虫，体细长，体长13毫米～30毫米，暗灰色，无翅，触角丝状，复眼小，无单眼，尾须长，颇似双尾虫。口器为咀嚼式，上颚发达。雄虫腹部末端有刺突。

蛩蠊目雌虫羽化约1年后成熟，在土内或苔藓上产卵。卵黑色，单产。卵期约1年后化为若虫，约5～7年才能完成1世代。

蛩蠊目昆虫为肉食性，夜出活动，适应1摄氏度左右的低温环境。

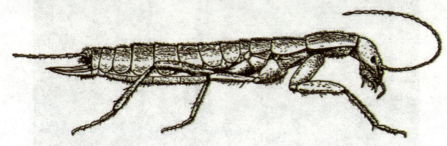
↑ 蛩蠊 —Maxwell Lefroy 提供

蚤蠊近亲，像螳螂也像竹节虫

——螳䗛目（Mantophasmatodea）

科学分类

界：动物界 Animalia
门：节肢动物门 Arthropoda
纲：昆虫纲 Insecta
总目：外翅总目 Exopterygota
目：螳䗛目 Mantophasmatodea
科：螳䗛科 Mantophasmatidae

螳䗛是螳䗛目下的肉食性昆虫，是南非西部及纳米比亚的特有种类，但从始新世的化石纪录可见，它们原有更广的分布。螳䗛目下只有一个螳䗛科。从分子分析证据显示它们的最近亲是蚤蠊。它们最初是根据在纳米比亚及坦桑尼亚的标本描述的。

螳䗛没有翅膀。它们的外观像螳螂及竹节虫的混合体。

↑螳䗛－Michael F. Schonitzer 提供

↑ 螳蟾 –P.E. Bragg 提供

↑ 螳蟾在始新世有更广的分布 –Doug L. Hoffman 提供

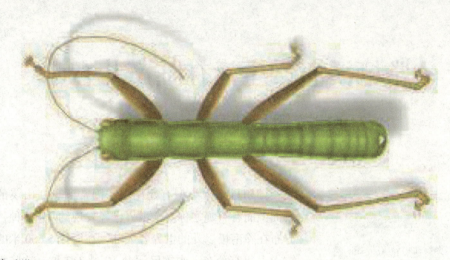

↑ 螳螂

↑ 波罗的海琥珀中的螳螂

↑ 一种螳螂

常栖溪石，生活在陆产儿在水

——襀翅目（Plecoptera）

襀翅目是中小型有翅昆虫，因常栖息在山溪的石面上而有石蝇之称。全世界已经发现约 3 497 种，分布在除南极以外的世界各大陆，在海拔 5 600 米的雪山上仍有分布。中国已记载 10 科 313 种。这些水栖昆虫的稚虫生活于流动的溪流中，成虫则生活于陆地。

石蝇体软，细长而扁平，体长 5 毫米～90 毫米，多为黄褐色。头宽阔，复眼发达，单眼 2～3 个或无。触角丝状，多节，长度可达体长一半以上。口器为咀嚼式，较软弱。前胸方形，大而能活动。翅 2 对，膜质，后翅常大于前翅，飞翔能力不强。尾须 1 对，多节，丝状。稚虫似成虫，触角与尾须均长而分多节，有气管鳃。雌虫无产卵器。

襀翅目为半变态。雌虫产卵于水中。稚虫水生，小型种类 1 年 1 代，大型的 3～4 年 1 代。

襀翅目捕食蜉蝣稚虫和双翅目（如摇蚊）的幼虫等，或取食藻类以及其他

↑ 石蝇 –Hectonichus 提供

↑ 石蝇 –Phinfish 提供

植物碎片。不少种类在秋冬季或早春羽化、取食和交配。这些种类的稚虫一般以植物为食。成虫常栖息于流水附近的树干、岩石上或堤坡缝隙间，部分植食性，主要取食蓝绿藻。该目昆虫的稚虫和成虫是许多淡水鱼类的重要食料。同时，稚虫因喜在溪流等含氧量高的水中生活，

↑石蝇稚虫 –Phinfish 提供

可作为测定山溪水质污染的指标生物之一。少数种类会危害农作物和果树。

↑石蝇交尾

前足纺丝，雄有四翅雌无翅

——纺足目（Embioptera）

科学分类

界：动物界 Animalia
门：节肢动物门 Arthropoda
纲：昆虫纲 Insecta
亚纲：有翅亚纲 Pterygota
下纲：新翅下纲 Neoptera
目：纺足目 Embioptera

纺足目是中小型昆虫，全世界记录约有 300 种，多数种类分布在热带地区，少数种类出现在温带，在南美洲北部和非洲中部种类最多，中国已有记录共 5 种，如等尾足丝蚁，分布于云南、广东、福建、台湾等省。

纺足目昆虫体长 4 毫米 ~ 6 毫米，中国的某些种类可超过 10 毫米。细长而扁平，柔软，腹部与胸部几乎等长，呈褐色、黄褐色或具有金属光泽。翅呈烟灰色。口器为咀嚼式。复眼较小，无单眼。触角丝状或念珠状。雌虫无翅，

↑足丝蚁 –S. Dean Rider, Jr. 提供

状如若虫；雄虫一般有翅，前后翅相似。前足第一跗节膨大，有纺丝腺开口于此，能分泌丝织网或结巢，故名"足丝蚁"。

纺足目的变态类型为渐变态，一生经过卵、若虫、成虫三个阶段，幼期形态和生活习性与成虫相似。雌虫无明显变态。若虫期四龄。一年一代或数代。卵长圆柱形，一端有盖，产于丝巢内，

↑足丝蚁，左为雄性，右为雌性 –A. D. Imms 提供

雌虫有护卵习性。雌雄若虫形态相似，仅在雄虫出现翅芽后形态才明显不同，雄虫的翅芽包藏于体壁之内，在末龄时外露。有些种类能行孤雌生殖。

纺足目昆虫寄居在桉树、木麻黄和榕树上，常见于石块、树皮裂缝间。具植食性，对植物很少有明显危害，其形态、生理和生态有探索及研究价值，又易于在实验室内培养。

↑幼虫阶段的足丝蚁 –S. Dean Rider, Jr 提供

↑足丝蚁 –Lymantria 提供

古老稀有，喜热喜湿爱隐居
——缺翅目（Zoraptera）

缺翅目是昆虫纲中最小的一个目，为一类原始的稀有昆虫，现仅存 1 科 1 属 27 种，通称缺翅虫、绝翅虫，为一类古老而稀有的昆虫，也是科学家了解得最少的一个目。缺翅目建立于 1913 年，由于最初发现的种类都是无翅型，故命名为缺翅目，后来才发现有翅型。缺翅目多数分布在近赤道两旁的热带、亚热带地区。中国于 1973 年、1974 年在西藏发现了中华缺翅虫、墨脱缺翅虫。

缺翅目昆虫体形微小，体长不超过 3 毫米，有翅型的翅展为 7 毫米左右。身体扁平，褐色或暗黑色。头大，口器为咀嚼式，触角 9 节，呈念珠状。有翅型具有复眼和 3 个单眼，无翅个体无单眼和复眼。腹部 10 节，尾须短而不分节。雌虫无产卵器。

缺翅目昆虫变态类型为半变态。

缺翅目昆虫具有集群的生活习性，群居于

科学分类	
界：	动物界 Animalia
门：	节肢动物门 Cnidaria
亚门：	六足亚门 Hexapoda
纲：	昆虫纲 Insecta
亚纲：	有翅亚纲 Pterygota
目：	缺翅目 Zoraptera
科：	缺翅虫科 Zorotypidae
属：	缺翅虫属 Zorotypus

↑缺翅虫

↑有翅型缺翅虫 –Maxwell Lefroy 提供

阴暗潮湿的地带，多生活在常绿阔叶林内，在倒木、折木的树皮下，以菌类和小动物为食。通常幼虫和成虫集聚在一起，被惊动后四处奔逃。

↑一种缺翅虫

↑ 1. hubbardi 缺翅虫，2. huxleyi 缺翅虫，3. sinensis 缺翅虫，4. medoensis 缺翅虫，
5. barberi 缺翅虫

昼伏夜出，护卵育幼如母鸡

——革翅目（Dermaptera）

革翅目为中、小型昆虫，俗称蠼螋，全世界已知近 2 000 种，盛产于热带和亚热带，由温带向寒带种类数递减，但在喜马拉雅地区海拔

亚　目

* 蠼螋亚目 Forficulina
* 鼠螋亚目 Hemimerina
* 蝠螋亚目 Arixenina

5 000 米的高山上也存在它们的踪迹。中国已记载约 200 多种。

革翅目昆虫体狭长而扁平，体长 4 毫米～35 毫米. 头部扁阔，复眼圆形，少数种类复眼退化；有些种类无复眼。触角为 10～30 节，多者可达 50 节，线形。口器为咀嚼式，上颚发达，较宽，其前端有小齿。前胸游离，较大，近方形；前胸背板发达，方形或长方形；后胸有后背板；腹板较宽。除少数种类外，多具翅。前翅鞘质，短小；后翅膜质，扇形或略呈圆形，折叠于前翅之下，但常露出前翅外。腹部末端具尾铗。无产卵器。

↑ 蠼螋 −ArtMechanic 提供

革翅目昆虫属于不完全变态。1年发生1代。卵多产，雌虫产卵可达90粒。卵为椭圆形，白色。雌虫有护卵育幼的特殊习性。

革翅目昆虫中少数种类危害花卉、粮食、果品、家蚕及新鲜昆虫标本；有的种类是蝙蝠和鼠的体外寄生者。一般喜夜间活动，白天常隐藏在土壤、石块、枯枝、

↑英国切斯特一个花园的砖头下面，巢里的蠼螋为保护卵反举腹部，张开双铗，以示威吓状 –Tom Oates 提供

垃圾下。腹部第3、第4节的腺褶能分泌特殊的臭气用以驱敌。尾铗是它防御的有力武器，受惊吓时，常反举腹部，张开双铗，以示威吓状，而遇劲敌时则往往装死不动。

↑比利时境内阿登高地的一种蠼螋在吃花 –James K. Lindsey 提供

↑英国切斯特一个花园的砖头下面，蠼螋和刚孵化的小蠼螋在巢里 –Tom Oates 提供

喜食树叶，像枝像叶善拟态

——竹节虫目（Phasmatodea）

竹节虫，又称螩（读"修"），是节肢动物门昆虫纲竹节虫目的总称。竹节虫与螳螂有近亲关系。植食性昆虫善于拟态成树枝或树叶。全世界约有2 500种。大多数种类发现在热带潮湿地区，但在干燥与温带地区也有发现。中国已记载200多种，分布于湖北、云南、贵州等省。体长通常在10毫米～130毫米，是身体最长的昆虫。

另一些种类的体形宽阔似叶，叫叶虫。竹节虫目包括了全世界最长的昆虫——尖刺足刺竹节虫（Pharnacia serratipes，分布于马来半岛），体长（含脚）可达55.5厘米。

竹节虫目昆虫体型修长，呈圆筒形，棒状或枝状；少数种类扁平如叶。头小，丝状触角，咀嚼式口器。复眼发达，单眼通常退化。前胸节短，中胸节和后胸节长，无翅种类尤其如此；第一腹节与后胸合并。翅膀通常退化；如有翅膀，前翅通常小于后翅。有翅种类的翅多为两对，前翅革质，狭长，横脉众多，脉序成细密的网状。多数

↑竹节虫目的不同种类 –Drägüs 提供

↑尖刺足刺竹节虫 –Drägüs 提供

↑雄性尖刺足刺竹节虫 –Drägüs 提供

↑竹节虫 –Karya sendiri 提供

↑叶虫 –Strobilomyces 提供

↑叶虫

↑雌性叶虫 –Drägüs 提供

↑澳大利亚竹节虫 –Ladyb695 提供

↑法兰克福动物园的一只澳大利亚竹节虫 –Frank C. Müller 提供

↑刚出生几天的竹节虫 –Sarefo 提供

↑你能发现我吗？ –Doodledoo 提供

↑一对竹节虫 –Drägüs 提供

↑雌性竹节虫 −Fir0002 提供

↑黑色的竹节虫 −Drägüs 提供

竹节虫的体色呈深褐色，少数为绿色或暗绿色。当竹节虫六足紧靠身体时，更像竹节。

竹节虫目属于不完全变态。此虫常可营孤雌生殖，雄虫较少，未受精的卵多发育为雌虫。

竹节虫目属于陆栖，植食性，喜欢生活在植物上，白天静伏不动，晚间活动取食。当受伤害时，稚虫的足可以自行脱落，而且可以再生。高温、低温、暗光可使其体色变深，反之，则体色可变浅。白天与黑夜体色不同，呈节奏性体色变化。喜爱灌木和乔木的叶片。成虫、若虫食叶；若虫常食叶脉或叶柄。寄主有竹、棉花等。

知识链接

拟态（Mimicry）　在演化生物学里，指的是一个物种在进化过程中，获得与另一种成功物种相似的特征，以混淆另一方（如掠食者）的认知，进而远离或靠近拟态物种。这种现象在许多动物的行为中都很常见，已知从昆虫、鱼类、两栖类到植物甚至是真菌都已懂得使用拟态。对于有被掠食威胁的生物来说，一般在掠食者视觉上，当猎物具有与对掠食者有危险或是无用的生物相似的外貌时，会使掠食者很难辨识，因此便很容易达到欺瞒的目的；然而若在行为、声音、气味或栖息地点上也很类似，成功骗过掠食者的概率就会更高。同样，某些掠食者懂得善加利用自己先天上的优势（如外形），并能将自己的身体轮廓隐藏起来，使猎物察觉不到，因而大幅提升了猎食的成功率。

思考题

1. 什么是拟态？
2. 你见过几种拟态昆虫？

体扁椭圆，怕光夜行传疾病
——蜚蠊目（Blattodea）

蜚蠊目包括蜚蠊（俗称"蟑螂"）和地鳖（俗称"土鳖"）。世界已知 5 000 多种，大多分布在热带和亚热带区，少数分布于温带地区。中国已知 250 余种，全国各地均有分布。

蜚蠊目昆虫的体长约为 2 毫米～100 毫米，身体扁平，卵圆形。头隐藏在宽大、盾状的前胸背板下，且向后倾斜。口器咀嚼式；触角丝状；复眼肾形。足多刺毛，跗节五节。翅长或短，前翅覆翅，后翅膜质，

↑费城的美国蟑螂 –Gary Alpert 提供

↑对人体健康无害的闪亮蟑螂 –Stuart Cunningham 提供

↑悉尼的一只蟑螂在产卵 –Toby Hudson 提供

↑雌性马达加斯加蟑螂 –Almabes 提供

↑东方蟑螂 –Alvesgaspar 提供

↑澳大利亚布里斯班的布什蟑螂 –Cyron Ray Macey 提供

翅脉多分支。腹部十节。尾须多节。腹背常有臭腺，能分泌臭气，开口于第6、第7腹节的背腺最显著。有些种类有雌雄异型现象，雄虫有翅，雌虫无翅或短翅。陆生。

蜚蠊目昆虫属于不完全变态。

蜚蠊一般生活在石块、树皮、枯枝落叶、垃圾堆下，或朽木与各种洞穴内。多数种类性喜黑暗，为夜行性昆虫，行走迅速，不善跳跃。杂食性，取食多种动、植物性食料。有些种类生活在室内，善跑，取食并污染食物、衣物和生活用具，且留下讨厌的气味，传播疾病和寄生虫，是全球性的卫生害虫。野外生活的种类中有少数危害农作物。

思考题

↑ 在波罗的海发现的琥珀内的古时蟑螂，约在 4 000 万～5 000 万年前存在。–Anders L.
Damgaard 提供

通过仔细观察，请描述蟑螂的生活习性。

集群破坏，工、兵、生育有分工
——等翅目（Isoptera）

科学分类

界：动物界 Animalia
门：节肢动物门 Arthropoda
纲：昆虫纲 Insecta
目：等翅目 Isoptera

白蚁亦称螱，是约5 000多种等翅目昆虫的总称，主要分布于热带和亚热带地区。中国发现400多种。根据化石判断，白蚁可能是由古直翅目昆虫发展而来，最早出现于2亿年前的二叠纪。

因前翅与后翅的大小、形状相等，故名等翅目。成虫像蚂蚁，但体胖，无色。体长一般为3.5毫米～6毫米。触角为念珠状。口

↑有翅的白蚁 –Derek Keats 提供

↑吴哥窟旁林地里的吴哥白蚁 –Thomas Brown 提供

↑白蚁兵蚁 –Forestry 和 Forest Products, CSIRO 提供

→澳大利亚热带地区的一种大型白蚁工蚁 –Division, CSIRO 提供

↑澳大利亚北领地李治菲特国家公园的白蚁丘 –Yewenyi 提供

↑澳大利亚北领地李治菲特国家公园的一个 5 米高、存在了 50 年以上的白蚁丘 –J Brew 提供

↑西非常见的白蚁丘 –Veennema 提供

↑白蚁丘 –Margarets Siebert 提供

器为咀嚼式。有翅型白蚁在婚飞后翅膀脱落，仅留下翅鳞。腹节为10节，尾须为8～10节，外生殖器不明显。有翅成虫2对翅狭长，膜质。跗节4或5节，有2爪。

白蚁与蚂蚁的区别

名称	白蚁	蚂蚁
分类地位	等翅目	膜翅目
变态类型	不完全变态（卵、若虫、成虫）	完全变态（卵、幼虫、蛹、成虫）
体形	头、胸、腹几乎相等	头、胸、腹连接处有明显的细腰节
体色	乳白色、褐色、淡黄色、黄色	黑色、黄色、棕红色
翅	有翅成虫的前翅与后翅等长，平置背部，翅脉细而多，呈粗线条状	有翅成虫的前翅大于后翅，翅脉少而粗，颜色明显
活动规律	工蚁、兵蚁畏光，隐蔽在地下活动	多不怕光
食性	单食性，取食木材、作物、草根等纤维质	杂食性，喜腥甜食物
排泄物	紧凑成块，粒细而结实	松散细粒状

等翅目昆虫属于不完全变态。

思考题 等翅目昆虫属于社会性昆虫，集群生活于隐藏的巢居中，有完善的群体组织，由有翅和无翅的生殖个体（母蚁和雄蚁）与多数无翅的非生殖个体（工蚁和兵蚁）组成。白蚁是农业、林业、水利工程、房屋及建筑物、储存物资等的大敌。

你能说出蚂蚁和白蚁的区别吗？

捕虫能手，前足像刀三角头

——螳螂目（Mantodea）

中至大型肉食性昆虫，仅含螳螂科，通称螳螂。因其前肢发达有力呈镰刀状，又称刀螂。世界已知 2 200 多种，除极寒地带外，分布于热带、亚热带和温带的大部分地区。中国已知约 112 种，其中，南大刀螂、北大刀螂、广斧螂、中华大刀螂、欧洲螳螂、绿斑小螳螂等是中国农、林、果树和观赏植物害虫的重要天敌。

螳螂目昆虫体型修长，通常扁平，体长约为 10 毫米~140 毫米。三角形头部可自由转动；复眼突出，单眼通常有三个；口器为咀嚼式；触角由多个节构成，形状各异，多为丝状，少数为念珠状或其他形状。前胸长，可自由转动。前足为捕捉足，腿节和胫节有利刺，胫节镰刀状，常向腿节折叠。足跗节五节，有爪一对，缺中垫。前翅为覆翅，后翅膜质，臀域发达，扇状，休息时叠于背上。腹部长，呈圆筒形。产卵器不突出，尾须短。

螳螂目昆虫属于不完全变态，生活史各阶段习性相似。产卵于泡沫状分泌物硬化而成的卵鞘中，古称"桑螵蛸"并作中药。卵鞘附于树枝或墙壁上。每 1 卵鞘有卵 20~40 个，排成 2~4 列。

↑印度卡纳塔克邦的祈祷螳螂－Shiva shankar 提供

每个雌虫可产 4 ~ 5 个卵鞘，一个卵鞘中有卵几十至上百粒。卵粒外有较坚硬的卵鞘保护，能安全过冬，待来年天气转暖，小螳螂便出世了。小螳螂出世时能把卵内的膜衣带出鞘外，然后才破衣孵出，并牵丝下垂。先孵出的螳螂便顺丝而上；离开卵鞘，自谋生路。初孵出的小螳螂需脱皮 3 ~ 12 次始变为成虫。螳螂繁殖一般为 1 年 1 代，有些种类行孤雌生殖。

↑ 祈祷螳螂摆出防御姿态 —Dr. Tibor Duliskovich 提供

螳螂通常捕捉其他种类昆虫为食，成虫与若虫均为捕食性。分布在南美洲的个别种类会攻击小鸟、蜥蜴或蛙类等小动物。螳螂呈镰刀形的前肢长而有力，有锋利的尖刺，能牢牢抓住猎物；强而有力的口器，能轻松咬破及咀嚼猎物；发达的消化系统能把猎物（包括坚固的外骨骼）完全吞食消化。雄虫飞行能力较佳。大部分种类的螳螂行动较缓慢，但拥有保护色，而且有拟物形态，能模仿叶子晃动的姿态走路，并慢慢接近猎物。一旦到达可出击的距离，螳螂可以极快地捕捉猎物。兰花螳螂由于外形与体色跟兰花相似，通常躲在兰花中伏击猎物，它们的猎物以蝴蝶及蜜蜂等吸花粉的昆虫居多。缺食时常有大吞小和雌吃雄的现象。有一种祈祷螳螂（Praying Mantis），也就是我们最常见的螳螂，在交配中雌螳螂会吃掉雄螳螂；雄螳螂交配中被吃掉上半身，而下半身可以维

↑ 意大利撒丁岛的祈祷螳螂的卵鞘 —Hans Hillewaert 提供

↑欧洲螳螂吃蚱蜢 —kat1100 提供

↑祈祷螳螂交配中 —Oliver Koemmerling 提供

←螳螂捕食蜜蜂 – masaki ikeda 提供

↑雄性祈祷螳螂被蜘蛛网粘住 —Abalg 提供

↑雌性祈祷螳螂在交配中撕下雄螳螂的头 −Oliver Koemmerling 提供

↑雌性祈祷螳螂在交配中吃雄螳螂身体 −Oliver Koemmerling 提供

持交配一段时间。螳螂能消灭害虫，螳螂的卵块在园艺商店也能买到。

思考题

1. 仔细观察，螳螂有没有拟态现象？
2. 你见过雌螳螂交配时吃雄螳螂的现象吗？

↑雌性祈祷螳螂在交配中啃雄螳螂脖子 −Oliver Koemmerling 提供

书虱、树虱，爱吃纸、谷、衣、木

——啮虫目（Psocoptera）

啮虫目共有 5 500 多种，分布于世界各大动物区，尤以热带、亚热带及温带的林区为多。中国已记载 585 种。啮虫目昆虫俗称书虱、米虱，包含室内的书虱及野外的树虱。中国常见的啮虫目昆虫有书虱（Liposcelis divinatorius）、窃虫（Atropos pulsatorium）、裸啮虫（Psyllsocus ramburii）等。啮虫目出现于 2.95 亿年前至 2.48 亿年前。

啮虫目昆虫有长翅、短翅、小翅或无翅种类。柔弱，体长为 1 毫米～10 毫米。头大，可自由活动，复眼发达，有翅种类单眼三个，无翅种类无单眼，触角为长丝状，口器为咀嚼式，唇基大而呈球形凸出。前翅大，多有斑纹和翅痣，休息时翅常呈屋脊状或平置于体背。无翅种类较少。有翅种类前胸狭缩成颈状，胫节长，腹部 10 节，无尾须，外生殖器一般不显著。

啮虫目昆虫属于不完全变态，卵多为长卵形，扁平，光滑，有雕刻的花纹，白色或暗色，产于叶上或树皮上，常一个或几个集于一起，覆以乱丝。若虫与成虫相似，一般

↑ 书虱 -S.E. Thorpe 提供

↑ 树虱

6 个龄期。1 年 1 ～ 3 代。

　　啮虫目昆虫有群居习性。善爬行，不甚飞翔。多生活在树干或树皮、篱笆、石块、枯叶间、鸟巢以及仓库等处，常见于潮湿阴暗或苔藓、地衣丛生的地方，食地衣、苔藓、植物等，少数种类捕食介壳虫及蚜虫等。无翅种类多生活在室内，危害书籍、谷物、衣服、动植物标本和木材等。啮虫具纺丝腺，

↑ 显微镜下的书虱 –Tony Wills 提供

能吐丝并织成薄膜，覆盖在卵块上或作为栖息处。

害虫蓟马，爱吃花、蜜和林果

——缨翅目（Thysanoptera）

缨翅目昆虫是小型而细长的昆虫，因有许多种类常栖息在大蓟、小蓟等植物的花中，故通称为蓟马，已知约6 000种，分布在热带和亚热带地区，中国已知有340余种。

缨翅目昆虫的体细长而扁，或为圆筒形，体长0.5毫米～14毫米，一般为1毫米～2毫米。颜色为黄褐、

↑ 蓟马 –Luis Fernández García 提供

↑花蓟马 –Goudron92 提供

苍白或黑色，有的若虫呈红色。单眼通常为三个，在头顶排列成三角形，无翅型常缺单眼。有左右不对称的锉吸式口器。翅通常两对，翅膀狭长，有少数翅脉或无翅脉，翅缘扁长，不少种类的翅膀外缘有排列整齐的长细毛，所以称为缨翅目。前胸发达，能活动，中、后胸愈合。尾缺须。足跗节 1～2 节。

　　缨翅目昆虫属于变态为渐进变态，即从若虫发育为成虫要经过一个不食不动的"蛹期"，二龄以前翅芽在体内发育，三龄以后翅芽在体外发育，兼有不完全变态和全变态的特点。两性生殖为主，有些种类可进行孤雌生殖。多数蓟马是在叶背面叶脉的交叉处化蛹，亦有些种类在树皮裂缝、叶柄基部、萼片间、叶鞘间、树皮下、枝条凹陷处及枯枝落叶层等场所化蛹。有些种类甚至吐丝结茧或在土中营造土室化蛹。

　　缨翅目昆虫中的许多种类栖息于林木的树皮与枯枝落叶下，或草丛根际间，取食花粉、植物、菌类的孢子、菌丝体或腐殖质。不少种类是农业害虫，也有些种类捕食其他蓟马、蚜虫、粉虱、介壳虫、螨类等，成为害虫的天敌。行动敏捷，能飞善跳，多生活在植物花中取食花粉和花蜜，或以植物的嫩梢、叶片及果实为生，是农作物、花卉及林果的害虫。蓟马用锉吸式口器刮破植物表皮，口针插入组织内吸取汁液；还喜取食植物的幼嫩部位，如芽、心叶、嫩梢、花器、幼果等。叶片被害后常留下黄白色斑点或银灰色条纹，叶片卷曲、皱缩甚至全叶枯萎；嫩芽、心叶被害后呈萎缩状且出现丛生现象；瓜果类被害后，除了引起落瓜落果，还使瓜果表皮粗糙，呈黑色或锈褐色疤痕，降低瓜果质量。还有少数种类在危害植物的同时还可传播植物病毒病，如番茄斑萎病及花生黄斑病。

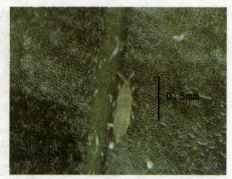

0.5mm

↑蓟马若虫 –M.J. 提供

吸血虱子，寄生人兽传疾病

——虱毛目（Phthiraptera）

虱毛目是原虱目和食毛目的合称，通称虱或虱子，全世界约有3 000种。虱寄生于人体、其他哺乳动物（除单孔目和蝙蝠外）和鸟类的身上。以人类为宿主的虱有三种：头虱、体虱和阴虱（又称耻阴虱）。

科学分类

* 虱亚目 Anoplura
* 象虱亚目 Rhyncophthirina
* 丝角亚目 Ischnocera
* 钝角亚目 Amblycera

科学分类

界：动物界 Animalia
门：节肢动物门 Arthropoda
纲：昆虫纲 Insecta
亚纲：有翅亚纲 Pterygota
下纲：新翅下纲 Neoptera
目：虱毛目 Phthiraptera

虱体型较小，无翅，身体扁平，寄生于毛发处，有善于勾住毛发的足（攫握器）。

虱为不完全发育。头虱产卵于发根处，以耳后居多，卵椭圆形，白色，卵孵化后的若虫称为虮，虮与虱外形相似，但体型较小，尤其是腹部较成虫短小，若虫蜕皮三次后成为成虫。阴虱卵产于阴毛根部，椭圆形，呈红褐色或铁锈色；卵孵化后的若虫比成虫小，也以血液为食。

↑ 雄性头虱 –Gilles San Martin 提供

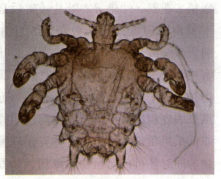

↑ 像螃蟹般的阴虱 –Wikipedia 提供

↑雄性体虱 –Janice Harney Carr 提供   ↑鹅巨毛虱 –Lajos.Rozsa 提供

　　虱终生寄生于宿主体表，以宿主血液、毛发、皮屑等为食。寄生于人体的虱主要以宿主血液为食，其若虫每日吸血一次，成虫每日吸血数次。体虱又称衣虱，寄生于人类躯干和四肢，不吸血时隐藏于衣物缝隙褶皱内。阴虱主要寄生于人体阴毛处，也可能寄生于睫毛、腋毛、眉毛、头发及其他体毛浓密处。

捻翅虫，终生不离寄主昆虫
——捻翅目（Strepsiptera）

　　捻翅目主要是寄生性昆虫，通称捻翅虫，其宿主是蜜蜂、黄蜂、叶蝉、蠹虫和蟑螂等，是天敌昆虫类群之一。体形小，雌雄异型。全世界已知种类约有 370 种，分布于世界各大动物地理区域。中国记载有 13 种，多为饲养寄主而得，野外很难采到成虫。

　　捻翅目昆虫的体长为 1.3 毫米 ~ 4 毫米，雌雄异型。雄性捻翅目昆虫的翅膀、腿、眼和触角与苍蝇类似，但一般无有用的口器。口器中的许多部分成为感觉器官。雄虫复眼发达，无单眼；触角的第三节均有一旁支向侧面伸出；后胸极大，前翅退化为平衡棒，后翅大而膜质。雌虫终生为幼虫状，无足无翅，通常寄生于叶蝉、飞虱等体内且终生不离寄主。雌虫头胸愈合，中央有一个开口；口器只有一对上颚；无眼，无触角。

　　捻翅目昆虫属于全变态，雌雄异型。雄虫羽化后不取食，寿命极短（通常不到五小时），且不进食，飞行觅偶，与寄主体内的雌虫交配。交配方式很有趣，成熟雌虫在寄主体壁咬开一小洞，将其生殖孔露出与雄虫交配。雌虫在寄主体内产卵，幼虫孵出后钻出寄主体外寻找新寄主。

　　寄生性昆虫原寄生于低等昆虫缨尾目（衣鱼），寄主以膜翅目（蜂、蚁）和同翅目（叶蝉、飞虱）为主，而半翅目（蝽、土蝽）、直翅目（蚤蝼、螽斯）、螳螂目、蜚蠊目以及个别双翅目昆虫均可能为其寄主。寄主出现畸形，特别是生殖系统发育不全而不能繁殖，因此能抑制部分害虫的数量而对农林业有益。

↑ 雄性捻翅虫 –Aiwok 提供

成虫食蚜，幼虫树干捉小虫
——蛇蛉目（Raphidioptera）

蛇蛉目昆虫通称蛇蛉。全世界已知约 100 种，中国记载有 2 种。若干种类状如骆驼，故又称骆驼虫（Inocellia sp.）。主要分布在除澳大利亚以外的温带地区。本目仅包含 2 个科，有单眼，翅痣内有横脉的为蛇蛉科（Raphidiidae）；头部无单眼，翅痣内无横脉的称盲蛇蛉科（Inocelliidae）。

蛇蛉目昆虫体细长，小至中形，多为褐色或黑色。头部延长，后方收缩成三角形，下口式（口器向下，即头部的纵轴和身体的纵轴大致呈直角，这种头部类型就叫下口式）。复眼发达，单眼三个或没有。咀嚼式口器。触角长丝状。前胸细长如颈，前足位于前胸后端。翅狭长，膜质，翅脉网状，前、后翅相似，有一翅痣。雌虫有细长的产卵器。腹部十节，无尾须。雄虫尾端具肛上板和抱握器。

蛇蛉目昆虫属于完全变态。

蛇蛉目昆虫成虫和幼虫均为肉食性。因形状像蛇而得名蛇蛉。成虫取食蚜虫、鳞翅目幼虫等，可见于花、叶片、树干等处。幼虫捕食其他小型软体昆虫，可见于松动的树皮下，尤其是针叶树的树皮下。

知识链接

肛上板 在低等昆虫的成虫，特别是在雌虫的腹部末端第十一节有三角形的硬片覆盖于中间部位，此片状物称为肛上板。

↑ 雌性蛇蛉 –Richard Bartz 提供

蚜、蚁天敌，蚜狮、蚁狮威名扬

——脉翅目（Neuroptera）

脉翅目昆虫通称蛉。在分类上与广翅目、蛇蛉目相近。全世界已知约 6 000 种，中国记载约 640 余种。绝大多数种类的成虫和幼虫均为肉食性，捕食蚜虫、叶蝉、粉虱、蚧（介壳虫）、鳞翅目的幼虫和卵，以及蚁、螨等，其中不少种类在害虫的生态控制中起着重要作用。

科学分类
界：动物界 Animalia 门：节肢动物门 Arthropoda 纲：昆虫纲 Insecta 总目：内翅总目 Endopterygota 目：脉翅目 Neuroptera

↑花瓣上的草蛉 –Vintagenational–Paul A. Zahl 提供

↑草蛉 –Charlesjsharp 提供

↑ 蚁狮 –Gilles San Martin 提供

↑ 褐蛉 –Dick Belgers 提供

脉翅目昆虫的成虫有两对膜状翅膀，前翅和后翅大小接近。头为下口式（口器向下，即头部的纵轴和身体的纵轴大致呈直角，这种头部类型就叫下口式）。触角长，呈丝状，多节。口器为咀嚼式。复眼发达。前胸常短小。两对翅的形状、大小和脉相相似。翅脉密而多，呈网状，在边缘多分叉。少数种类翅脉少而简单。爪两

↑ 长角蛉，其他飞行昆虫的天敌 –Jeevan Jose 提供

个。无尾须。幼虫蛃型，头部具长镰刀状上颚，口器为刺吸式；三对胸足发达，跗节一节。

脉翅目昆虫属于完全变态。蛹为离蛹，多包在丝质薄茧内。卵圆球形或长卵形，有的种类具丝状卵柄。化蛹前由肛门抽丝结茧，多从前蛹期在茧内越冬，少数成虫在隐蔽处过冬。

脉翅目昆虫包括草蛉、蚁

↑ 螳蛉 –dhobern 提供

↑ 粉蛉 –Cheryl Moorehead 提供

蛉、褐蛉、长角蛉、螳蛉、粉蛉、水蛉等，成虫和幼虫大多陆生，均为捕食性，捕食蚜虫、蚂蚁、叶螨、介壳虫等软体昆虫及各种虫卵，对于控制昆虫种群、保持生态平衡具有重要意义。蚁蛉是很柔弱的昆虫，可它的幼虫异常凶狠，以吃蚁类著称，故名蚁狮。以吃蚜虫出名的蚜狮是草蛉的幼虫。近几十年来，我国和世界上许多国家都已将脉翅目昆虫应用于害虫的生物防治工作。

↑ 水蛉 –Gilles San Martin 提供

蝎蛉少见，捕食小虫爱吃死虫

——长翅目（Mecoptera）

长翅目是蝎蛉类昆虫的总称，通称蝎蛉，数量少而不常见，约有600多种，分布全世界，北半球较多，多分布于亚热带和温带，少数产于热带，大多发生在森林、峡谷或植被茂密的地区，但地区性很强，甚至在同一山上，也因海拔高度的不同而种类各异。中国已知150多种。长翅目在昆虫学上的价值主要在于其与双翅目和鳞翅目之间的亲缘关系。

长翅目昆虫的体小至中型，细长略侧扁。头部下口式（口器向下，即头部的纵轴和身体的纵轴大致呈直角，这种头部类型就叫下口式），向腹面延伸成宽喙状。复眼发达，单眼三个或没有。触角长丝状，口器咀嚼式。前胸短。通常有两对狭长的膜质翅，前、后翅大小、形状和脉相都相似。腹部十节，尾须短。足多细长，基节尤长，跗节五节。雄虫生殖器像蝎子尾刺，常膨大成球形，并似蝎尾状上举。

↑蝎蛉 –Mikkel Houmøller 提供   ↑蝎蛉头部 –Richard Bartz 提供

↑雄性蝎蛉 –Bj.Schoenmakers 提供

↑桦斑蝶的蠋式幼虫（即毛虫类型）–Victor
Korniyenko 提供

←雌性蝎蛉 –Bj.Schoenmakers
提供

长翅目昆虫属于全变
态。卵呈卵圆形，产于土
中或地表，单产或聚产。
幼虫蠋式（即毛虫类型）
或蛴螬型（蛴螬是鞘翅目
金龟甲总科幼虫的总称）
生活在土壤中，在土中
化蛹。

↑悉尼的一种圣甲虫的幼虫（蛴螬）–Toby Hudson 提供

长翅目昆虫的成虫、
幼虫一般为肉食性或腐食性，捕食节肢动物或软体动物，多取食死亡的软体昆
虫，捕食各种昆虫，或取食苔藓类植物。少数种类也取食花蜜、花蕊、果实及
苔藓类等。成虫活泼，但飞翔不远，专捕食小虫，在林区特别多，对生态平衡
有一定作用。

跳蚤善跳，寄生人兽吸血传病
——蚤目（Siphonaptera）

蚤目通称跳蚤，全世界已知约 3 000 种。中国已知 563 种。地理分布主要取决于宿主的地理分布，哺乳动物和鸟类等温血动物身上常有蚤类寄生，而寄生于啮齿目的较多。地方性种类广见于南极、北极、温带地区、青藏高原、阿拉伯沙漠以及热带雨林，其中有些蚤种已随人畜家禽和家栖鼠类的活动而分布于全世界。

蚤目的成虫体形微小或小型，体长 0.8 毫米 ~ 6 毫米。黄至褐色，长有许多排列规则的鬃毛，借以在动物毛羽间向前行进和避免坠落。无翅，体坚硬侧扁，体表多鬃毛，触角粗短。具刺吸式口器。腹部宽大，有 9 节。后足为跳跃式，发达、粗壮。幼虫无足呈圆柱形，具咀嚼式口器。

蚤目属于完全变态（卵、幼虫、蛹、成虫）。成虫必须嗜血才能进行繁殖。雌虫进食后通常在宿主身上产卵，一次产 20 枚左右。卵很容易被宿主带到地上，宿主休息和睡眠的地点通常是卵的栖息地和幼虫的发育地。卵的孵化需要 2 ~ 12 天。

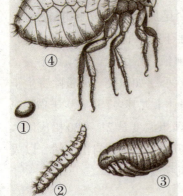

↑跳蚤生长发育的四个阶段

↑跳蚤

↑寄生在狗身上的跳蚤 –Minette 提供

幼虫破壳而出后，会进食一切有机物，如昆虫的尸体、排泄物和植物。幼虫没有视觉，躲在阴暗处，如沙、缝隙、裂缝和床单里。如果有充足的食物，幼虫能在 1 ～ 2 周内化蛹，编织丝状的茧，1 ～ 2 周后发育完全后从茧中出来。跳蚤在幼虫和茧的生长阶段可以持续整个冬季。跳蚤成熟后，就会寻找血源进行繁殖。如果找不到血源，新出茧的跳蚤只能活一周左右。吸血后它们可以 2 ～ 3 年不进食。它们的生命可能只有一年，也可能达到几年。雌虫一生可以产卵 5 000 枚或者更多。

欧洲兔蚤——一种宿主为雌兔的跳蚤——能够探测到兔子血液中的皮质醇、皮质脂酮和荷尔蒙。由此判断它是否要开始产仔，这也触发了跳蚤的性成熟。一旦小兔子出生，跳蚤就跑到小兔子身上，然后开始进食、交配并且产卵。12 天之后，成虫又跑回母兔身上。每次小兔子出生，跳蚤们都会这样做。

↑兔蚤

雌雄蚤目昆虫均吸血。成虫能爬善跳，部分种类寄生于人、哺乳动物或鸟类体表，叮咬并吸食血液，常引起寄主烦躁不安，能传播多种疾病，如鼠疫。人蚤除寄生于人外，在狗身体上尤其多，还寄生于猫等。跳蚤生活的理想温度是 21 ～ 30 摄氏度，理想湿度为 70%。幼虫营自由生活，以成虫血便或有机物质为食。

↑可恶的鸡蚤

石蛾像蛾，成虫在陆幼虫生水

——毛翅目（Trichoptera）

毛翅目昆虫于中生代初期三叠纪开始出现，距今约 2 亿年。毛翅目成虫通称石蛾，幼虫叫石蚕。全世界已知 7 000 多种，中国有 1 200 多种。毛翅目分 2 ~ 3 亚目 40 个科，重要的科有长角石蛾科、沼石蛾科、石蛾科。

科学分类

界：动物界 Animalia
门：节肢动物门 Arthropoda
纲：昆虫纲 Insecta
目：毛翅目 Trichoptera

毛翅目昆虫的成虫体小至中型，体长为 1.5 毫米 ~ 40 毫米，外形似蛾类，身体和翅面有短毛。触角长丝状，一般长过前翅。复眼发达，单眼 1 ~ 3 个或没有。口器为咀嚼式，但没有咀嚼功能。前胸小，中胸发达。翅狭窄，翅面密布粗细不等的毛，后翅臀区发达。下颚须雌虫 5 节，雄虫 3 ~ 4 节。腹部纺锤形。足细长，跗节 5 节。

↑ 长角石蛾 –Bj.Schoenmakers 提供

↑ 沼石蛾 –David Perez 提供

↑石蛾科幼虫 −André Karwath aka 提供

幼虫具胸足 3 对，腹部除有一对具钩的臀足外，无腹足，有的种类具气管鳃。

　　毛翅目昆虫属于完全变态。卵块产在水中，外被胶质，附着于石块或水生植物的根部，卵期一般较短。常为一年多代，但亦有 1 年生 1 代的。幼虫期一般 6 ~ 7 龄。

　　幼虫石蚕生活在水中，能够吐丝把细沙和草茎做成管状，居于其中，露出头足爬行，或仅吐丝做成锥形网。石蚕取食藻类或蚊、蚋等幼虫。石蚕偏爱较冷而无污染的水域，其生态适应性相对较弱，是显示水流污染程度较好的指示昆虫。石蛾又是许多鱼类的主要食物来源，在流水生态系统的食物链中占据重要位置。石蛾趋光性强。幼虫是鱼类或其他水生昆虫如龙虱等的食物，幼虫体上有水螨寄生。成虫有时被鸟类或蝙蝠捕食，产卵时易被蜻蜓所食。

↑石蛾科成虫 − Гуменюк Виталий 提供